JN001845

合格
するための

去
問題集

よくわかる**簿記**シリーズ

Exercises in the Exam

建設業
経理士 1級

財務分析

はしがき

　本書は、今、建設業界で注目をあつめている資格「建設業経理士」の本試験過去問題集です。

　建設業経理士とは、ゼネコンをはじめとした建設業界において、簿記会計の知識の普及と会計処理能力の向上を図ることを目的として、国土交通大臣より認定された資格です。

　2級以上の建設業経理士は、公共工事の入札に関わる経営事項審査の評価対象となっており、建設会社における有資格者数はこの評価に直結するものとなっています。さらに近年、コスト管理の重要性が高まっていることから、有資格者の活躍の場は経理部門だけでなく各セクションへと広がっていくことが予想されています。

　一方、試験の内容を見てみると、日商簿記検定試験とその出題範囲や方式が類似しており、かつ、日商簿記検定試験ほど出題範囲が広くないことに気づきます。このため、短期間での資格取得が可能と言われており、業界への就職・転職を考えている方は、ぜひ取得しておきたい資格の一つといえるでしょう。

　学習にあたっては、本書ivページの「出題論点分析一覧表」にて頻出論点を確認し、それらについては必ず解答できるよう、本書で繰り返し演習してください。本書の解説「解答への道」は、TAC建設業経理士検定講座が講座運営を通じて培ったノウハウを随所に活かして作成しておりますので、きっと満足してご利用いただけるものと思います。

　読者の皆様が建設業経理検定の合格を勝ち取り、新たなる一歩を踏み出されますよう、心よりお祈りしております。

令和5年5月

TAC建設業経理士検定講座

建設業経理検定はこんな試験

　建設業経理検定とは、建設業界における簿記検定として、会計知識と処理能力の向上を図るために実施されている資格試験です。

　試験の内容も「日商簿記検定試験」とその出題範囲や方式が類似していますので、短期間でのWライセンス取得、さらには税理士・公認会計士など簿記・会計系の上位資格へのステップアップと、その活用の場は広がっています。

主 催 団 体	一般財団法人建設業振興基金
受 験 資 格	特に制限なし
試 験 日	9月、3月
試 験 級	1級・2級（建設業経理士） ※他、3級・4級（建設業経理事務士）の実施があります。
申込手続き	インターネット・「受験申込書」郵送による手続き（要顔写真）
申 込 期 間	おおむね試験日の4カ月前より1カ月 ※実施回により異なりますので必ず主催団体へご確認ください。
受 験 料 （1級・税込）	1科目：¥8,120　2科目：¥11,420　3科目：¥14,720 ※申込書代金、もしくは決済手数料¥320が含まれています。
問い合せ先	（一財）建設業振興基金　経理試験課 TEL：03-5473-4581　URL：https://www.keiri-kentei.jp

(令和5年5月現在)

レベル（1級）

　上級の建設業簿記、建設業原価計算及び会計学を修得し、会社法その他会計に関する法規を理解しており、建設業の財務諸表の作成及びそれに基づく経営分析が行えること。

試験科目（1級）　※　試験の合格判定は、正答率70%を標準としています。

科　　目	配　点	制限時間
財務諸表	100点	1時間30分
財務分析	100点	1時間30分
原価計算	100点	1時間30分

合格率（1級財務分析）

回　　数	第23回 （平成30年3月）	第24回 （平成30年9月）	第25回 （平成31年3月）	第26回 （令和元年9月）	第27回 （令和2年9月）
受験者数	1,193人	1,243人	1,361人	1,276人	1,422人
合格者数	312人	352人	362人	387人	464人
合 格 率	26.2%	28.3%	26.6%	30.3%	32.6%

回　　数	第28回 （令和3年3月）	第29回 （令和3年9月）	第30回 （令和4年3月）	第31回 （令和4年9月）	第32回 （令和5年3月）
受験者数	1,523人	1,459人	1,424人	1,359人	1,125人
合格者数	317人	542人	334人	605人	249人
合 格 率	20.8%	37.1%	23.5%	44.5%	22.1%

出題論点分析一覧表

第23回～第32回までに出題された論点は以下のとおりです。

第1問・第2問

理論の記述と空欄記入（記号選択）が出題されます。

〔①→第1問（理論の記述）で出題　②→第2問（空欄記入又は正誤判定）で出題〕

論　　点		23	24	25	26	27	28	29	30	31	32
財務分析の基礎									①		
収益性分析			②	②						①	
安全性分析	流動性分析				①			②			
	健全性分析									①・②	
	資金変動性分析										
活動性分析					②	①					
生産性分析		②					①				②
成長性分析											
財務分析の基本的手法								①		②	
総合評価の手法		①					②				①
キャッシュ・フロー分析							②			②	
建設業の特性			①						②		
各指標の分類問題											
経営事項審査				①						②	①
クロスセクション分析								①			
キャッシュ・コンバージョン・サイクル						①				②	

第3問

財務諸表項目の推定と諸比率の算定が出題されます。

論　　点				23	24	25	26	27	28	29	30	31	32
財務諸表項目の推定	損益計算書			★	★	★	★	★		★	★	★	★
	貸借対照表			★	★	★	★	★	★	★	★	★	★
諸比率の算定	収益性分析		損益分岐点比率							★			
			完成工事高営業外損益率	★									
			完成工事高経常利益率										
			自己資本経常利益率								★		
	安全性分析	流動性分析	未成工事収支比率										
			立替工事高比率		★								
			当座比率					★					
			必要運転資金月商倍率						★				
			運転資本保有月数										
			棚卸資産滞留月数										
		健全性分析	負債比率										
			借入金依存度										
			純支払利息比率										
			金利負担能力										
			固定長期適合比率				★						
	活動性分析		固定資産回転率										
			支払勘定回転率			★							★
	生産性分析		労働装備率										
			資本集約度										

第4問

主に諸項目の算定が出題されます。

論　　点	23	24	25	26	27	28	29	30	31	32
損益分岐点分析	★	★		★		★		★		★
生産性分析			★		★		★		★	

第5問

諸比率の算定と空欄記入（記号選択）が出題されます。〔①→問1で出題　②→問2で出題〕

		論　　点	23	24	25	26	27	28	29	30	31	32
収益性分析		総資本完成工事（売上）総利益率							②			
		総資本経常利益率			①							
		総資本営業利益率										
		総資本事業利益率			②	①	①				①	
		総資本当期純利益率										
		経営資本営業利益率	①						②			①
		自己資本経常利益率										
		自己資本当期純利益率						②				②
		自己資本事業利益率			①			①		①		
		完成工事高総利益率						①	②			
		完成工事高営業利益率										
		完成工事高キャッシュ・フロー率	②	①		①	①		①		①	
		損益分岐点比率				①		②				
		完成工事高経常利益率										
		安全余裕率						②				
安全性分析	流動性分析	流動比率	①						①		②	
		当座比率	②	①						①		
		立替工事高比率	②		①		①	②		①		①
		未成工事収支比率	①		①						①	①
		流動負債比率				①					②	
		必要運転資金月商倍率（滞留月数）							①		②	
		運転資本保有月数		①				①		①		①
		営業キャッシュ・フロー対流動負債比率	①		①					②		①
		現金預金手持月数							①			
		棚卸資産滞留月数						①			②	①
		完成工事未収入金滞留月数										
	健全性分析	自己資本比率	①								①	②
		負債比率				①			①	②		
		固定負債比率								②		
		負債回転期間	①			①		①		①		
		借入金依存度		①								①
		有利子負債月商倍率			①				①			
		金利負担能力						②				
		純支払利息比率		①								
		固定比率				②	①				①	
		固定長期適合比率								②		
		配当率			①			①		①		①
		配当性向	①			①	①		①		①	

v

論 点		23	24	25	26	27	28	29	30	31	32
活動性分析	総資本回転率	①					①	②			②
	総資本回転期間										
	経営資本回転率		①		①						
	自己資本回転率			②							
	棚卸資産回転率			①							
	固定資産回転率								①		
	有形固定資産回転率		②								
	棚卸資産回転期間										
	受取勘定回転率									①	
	受取勘定回転期間										
	正味受取勘定回転率										
	支払勘定回転率		①						①		
	支払勘定回転期間										
生産性分析	職員1人当たり完成工事高										
	労働生産性		②			①					
	付加価値率	①	①				①		①		
	労働装備率	①	②		①		①	①			①
	資本集約度			①	②				①	①	
	設備投資効率				②					①	
	資本生産性（付加価値対固定資産比率）		②	①				①			
成長性分析	完成工事高増減率		①			①			①		①
	営業利益増減率			①	①		①	①			
	総資本増減率									①	
	付加価値増減率										
	経常利益増減率										
	自己資本増減率										

本書の使い方

　過去問題は回数別に収録してありますので、時間配分を考えながら過去問演習を行ってください。解答にあたっては巻末に収録されている「解答用紙」を抜き取ってご利用ください（「サイバーブックストア〈https://bookstore.tac-school.co.jp/〉」よりダウンロードサービスもご利用いただけます）。また、解答用紙の最後にあるチェック・リストを活用し、過去問演習を繰り返すことで、知識を確かなものにしてください。

　なおiv～viページに過去の「出題論点分析一覧表」がありますので、参考にしてください。

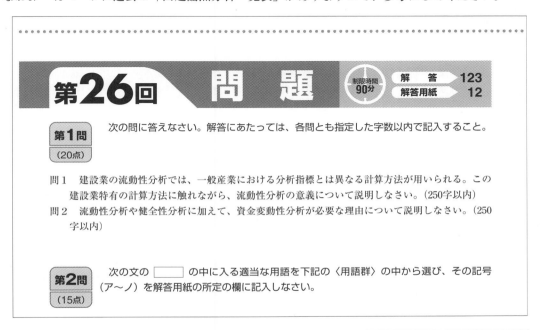

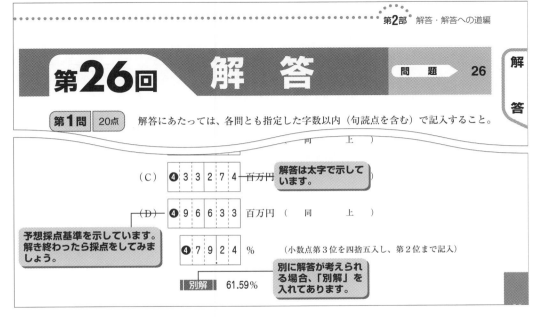

第1問 ● 理論記述問題

流動性分析や資金変動性分析についての理論記述問題である。

問1　建設業特有の計算方法による流動性分析について

流動性分析とは、企業の短期的支払能力を分析することをいう。

流動性分析は、次のように区分される。

```
流動性分析 ─┬─ 関係比率分析（特殊比率分析）─┐
            ├─ 資金保有月数分析              │
            └─ 資金滞留月数分析              │
```

流動性分析のうち、関係比率分析（特殊比率分析）は、主として流動資産〜
流動負債あるいはその特定項目との比率を測定し、企業の短期的支払能力を〜
のように区分される。

> 適宜、図解や表を入れ、わかり
> やすく説明しています。

```
関係比率分析（特殊比率分析）─┬─ 流動比率
                              ├─ 当座比率
                              ├─ 営業キャッシュ・フロー対流動負債比率
                              ├─ 未成工事収支比率
                              ├─ 立替工事高比率
                              └─ 流動負債比率
```

関係比率分析（特殊比率分析）のうち、流動比率とは、流動負債に対する流動資産の割合をいい、これを算式によって示すと次のようになる。

$$流動比率(\%)=\frac{流動資産}{流動負債}\times100$$

建設業では、流動資産の一部である未成工事支出金及び流動負債の一部である未成工事受入金が巨額となることから、その影響を排除するためにこれらを控除して流動比率を算定することで、他産業との比較可能性を高めている。なお、これを算式によって示すと次のようになる。

$$流動比率(建設業)(\%)=\frac{流動資産－未成工事支出金}{流動負債－未成工事受入金}\times100$$

126

目次

今後の検定日程

●第33回建設業経理士検定試験

令和 5 年 9 月 10日（日）

検定ホームページアドレス
https://www.keiri-kentei.jp

第1部

問題編

一般財団法人建設業振興基金掲載許可済—禁無断転載

第1問（20点）　次の問に解答しなさい。解答にあたっては、各問とも指定した字数以内で記入すること。

問1　企業の総合評価の必要性について、内部分析と外部分析の観点から説明しなさい。（250字以内）

問2　総合評価の具体的な手法としてのレーダー・チャート法について説明しなさい。（250字以内）

第2問（15点）　次の文の ☐ の中に入る適当な用語を下記の〈用語群〉の中から選び、その記号（ア～ノ）を解答用紙の所定の欄に記入しなさい。

　生産性分析とは、投入された生産要素がどの程度有効に利用されたかを分析することをいい、単純には、生産性はアウトプットをインプットで除したものと表現することができる。分母のインプットは、一般的には ☐1 と ☐2 である。一方、分子のアウトプットは、通常は付加価値の金額を採用し、その金額の算定方法には ☐3 と控除法がある。

　付加価値に減価償却費を含めた場合を ☐4 と呼んでいる。また、建設業における付加価値の算式は、

　☐5 －（材料費＋ ☐6 ＋外注費）で示される。

　生産性分析の基本指標は、付加価値労働生産性の測定であるが、この労働生産性はいくつかの要因に分解して分析することができる。一つは、一人当たり ☐5 × ☐7 に分解され、二つめは、☐8 ×総資本投資効率であり、☐8 は一人当たり総資本を示すものである。三つめは、☐9 ×設備投資効率である。☐9 は、従業員一人当たりの生産設備への投資額を示しており、工事現場の機械化の水準を示している。ここでの有形固定資産の金額は ☐10 のような未稼働投資の分は除外される。いずれの分析においても、従業員数、総資本、有形固定資産の数値は ☐11 であることが望ましい。

〈用語群〉
ア　完成工事高　イ　経費　ウ　純付加価値　エ　資本集約度
オ　営業利益　カ　付加価値率　キ　労働装備率　ク　建設仮勘定
コ　労務外注費　サ　粗付加価値　シ　加算法　ス　資本生産性
セ　労務費　ソ　総資本回転率　タ　期中平均値　チ　期末残高数値
ト　労働力　ナ　簡便法　ニ　完成工事原価　ネ　設備資本
ノ　土地

第3問
(20点)

次の〈資料〉に基づいて（A）〜（D）の金額を算定するとともに、完成工事高営業外損益率も算定しなさい。なお、完成工事高営業外損益率がプラスの場合は「A」、マイナスの場合は「B」を解答用紙の所定の欄に記入しなさい。この会社の会計期間は1年である。なお、解答に際しての端数処理については、解答用紙の指定のとおりとする。

〈資　料〉

1．貸借対照表

貸　借　対　照　表
（単位：百万円）

（資産の部）		（負債の部）	
現　金　預　金	×××	支　払　手　形	3,100
受　取　手　形	（　A　）	工　事　未　払　金	26,150
完成工事未収入金	28,300	短　期　借　入　金	（　C　）
未 成 工 事 支 出 金	（　B　）	未 払 法 人 税 等	×××
材　料　貯　蔵　品	430	未 成 工 事 受 入 金	（　D　）
流動資産合計	63,750	流動負債合計	×××
建　　　　　　物	22,100	長　期　借　入　金	×××
機　械　装　置	4,070	退 職 給 付 引 当 金	11,000
工　具　器　具　備　品	2,800	固定負債合計	×××
車　両　運　搬　具	1,900	負債合計	×××
建　設　仮　勘　定	380	（純資産の部）	
土　　　　　　地	×××	資　　本　　金	×××
投　資　有　価　証　券	10,000	資　本　剰　余　金	5,500
固定資産合計	×××	利　益　剰　余　金	8,500
		純資産合計	×××
資産合計	×××	負債純資産合計	×××

2．損益計算書

損 益 計 算 書

（単位：百万円）

完成工事高	×××
完成工事原価	×××
完成工事総利益	19,200
販売費及び一般管理費	10,500
営業利益	8,700
営業外収益	
受取利息配当金	384
その他	400
営業外費用	
支払利息	×××
その他	200
経常利益	×××
特別利益	200
特別損失	2,400
税引前当期純利益	×××
法人税等	×××
法人税等調整額	△×××
当期純利益	2,760

3．関連データ（注1）

総資本当期純利益率	2.30％	流動負債比率（注2）	68.00％
棚卸資産滞留月数	2.70月	純支払利息比率	0.85％
借入金依存度	14.50％	固定長期適合比率	75.00％
固定比率	112.50％	受取勘定回転率	3.00回
総資本回転率	0.80回		

（注1）　算定にあたって期中平均値を使用することが望ましい比率についても、便宜上、期末残高の数値を用いて算定している。

（注2）　流動負債比率の算定は、建設業特有の勘定科目の金額を控除する方法によっている。

第4問 (15点)　次の〈資料〉は、横浜建設株式会社の損益計算書（一部抜粋）である。これに基づき、下記の問に解答しなさい。なお、解答に際しての端数処理については、解答用紙の指定のとおりとする。

〈資　料〉

損益計算書（一部抜粋）

(単位：百万円)

完成工事高	285,000
完成工事原価	156,750　（うち変動費119,750）
完成工事総利益	128,250
販売費及び一般管理費	65,850　（うち変動費 17,050）
営業利益	62,400
営業外収益	23,200　（うち受取利息 1,200）
営業外費用	23,200　（うち支払利息19,950）
経常利益	62,400

問1　限界利益を求めなさい。

問2　損益分岐点比率を求めなさい。

問3　分子に実際完成工事高を用いた場合の安全余裕率を求めなさい。

問4　金利負担能力（インタレスト・カバレッジ）が3.60倍となる完成工事高を求めなさい。

第5問 (30点)　西日本建設株式会社の第23期（決算日：平成×9年3月31日）及び第24期（決算日：平成×0年3月31日）の財務諸表並びにその関連データは〈別添資料〉のとおりであった。次の問に解答しなさい。

問1　第24期について、次の諸比率（A～J）を算定しなさい。期中平均値を使用することが望ましい数値については、そのような処置をすること。なお、解答に際しての端数処理については、解答用紙の指定のとおりとする。

A　経営資本営業利益率　　B　流動比率　　　　　　　　　C　未成工事収支比率

D　負債回転期間　　　　　E　自己資本比率　　　　　　　F　総資本回転率

G　労働装備率　　　　　　H　営業キャッシュ・フロー対負債比率　　I　付加価値率

J　配当性向

問2　同社の財務諸表とその関連データを参照しながら、次に示す文の◻◻◻の中に入れるべき最も適当な用語・数値を下記の〈用語・数値群〉の中から選び、記号（ア～ル）で解答しなさい。期中平均値を使用することが望ましい数値については、そのような処置をし、小数点第3位を四捨五入している。

　　安全性分析とは一般的に企業の支払能力を分析することをいうが、さらには◻1◻分析・健全性分析・資金◻2◻分析に分類することができる。
　　◻1◻分析は、短期的な支払能力を見るための分析であるが、流動比率よりもより確実性の高い支払能力をみるためには◻3◻比率を用いるが、同比率は◻4◻比率ともいわれており、第24期における◻3◻比率は、◻5◻%である。また、◻6◻比率とは、すでに完成・引渡した工事をも含めた工事関連の資金立替状況を分析するものであり、この比率は低いほうが望ましい。第24期における◻6◻比率は、◻7◻%である。
　　資金◻2◻分析では、資金のフローを示すキャッシュ・フロー計算書を作成し、これを分析に用いる。キャッシュ・フローを用いた収益性分析の一つが◻8◻率である。ここでの分子は、純キャッシュ・フローを用いる。第24期における純キャッシュ・フローは◻9◻千円であり、◻8◻率は、◻10◻%となる。

〈用語・数値群〉

ア	立替工事高	イ	変動性	ウ	有価証券
エ	固定	オ	活動性		
カ	営業キャッシュ・フロー対流動負債			キ	酸性試験
ク	安全余裕	コ	未収入金		
サ	完成工事高キャッシュ・フロー			シ	流動性
ス	当座	セ	未成工事受入金	ソ	未成工事収支
タ	流動負債	チ	損益分岐点	ト	収益性
ナ	安全性	ニ	3.79	ネ	5.56
ノ	37.86	ハ	37.98	フ	45.09
ヘ	164.04	ホ	169.23	ム	170.43
モ	72,900	ヤ	76,900	ヨ	112,900
ラ	117,900	ル	167,900		

第5問〈別添資料〉

西日本建設株式会社の第23期及び第24期の財務諸表並びにその関連データ

貸 借 対 照 表

（単位：千円）

（資産の部）	第23期 平成x9年3月31日現在	第24期 平成x0年3月31日現在	（負債の部）	第23期 平成x9年3月31日現在	第24期 平成x0年3月31日現在
Ⅰ 流 動 資 産			Ⅰ 流 動 負 債		
現金預金	153,000	330,000	支払手形	100,000	120,000
受取手形	250,000	200,000	工事未払金	440,000	460,000
完成工事未収入金	800,000	680,000	短期借入金	160,000	130,000
有価証券	105,000	140,000	コマーシャルペーパー	3,000	3,000
未成工事支出金	47,000	65,000	一年内償還の社債	10,000	10,000
材料貯蔵品	5,000	5,200	未払金	2,000	2,100
短期貸付金	1,200	1,000	未払法人税等	6,000	13,000
繰延税金資産	400	18,000	未成工事受入金	67,000	149,000
その他流動資産	34,000	38,000	完成工事補償引当金	7,000	6,000
貸倒引当金	△ 17,000	△ 9,500	工事損失引当金	45,000	33,000
［流動資産合計］	1,378,600	1,467,700	その他の流動負債	14,000	15,000
Ⅱ 固 定 資 産			［流動負債合計］	854,000	941,100
1．有形固定資産			Ⅱ 固 定 負 債		
建物	120,000	128,000	社債	40,000	40,000
構築物	80,000	85,000	長期借入金	52,000	12,000
機械装置	30,000	30,000	繰延税金負債	130,000	130,000
車両運搬具	10,000	10,000	退職給付引当金	8,000	8,000
工具器具備品	10,000	10,000	［固定負債合計］	230,000	190,000
土地	300,000	310,000	負 債 合 計	1,084,000	1,131,100
建設仮勘定	12,000	4,000	（純資産の部）		
有形固定資産計	562,000	577,000	Ⅰ 株 主 資 本		
2．無形固定資産			1．資本金	300,000	300,000
借地権	2,200	1,800	2．資本剰余金		
ソフトウェア	2,300	2,200	資本準備金	20,000	20,000
無形固定資産計	4,500	4,000	資本剰余金計	20,000	20,000
3．投資その他の資産			3．利益剰余金		
投資有価証券	401,000	450,000	利益準備金	25,000	25,000
関係会社株式	20,000	20,000	その他利益剰余金	800,000	900,000
長期貸付金	1,800	1,700	利益剰余金計	825,000	925,000
破産更生債権等	100	100	4．自己株式	△ 126,000	△ 126,000
その他投資	38,000	36,600	［株主資本合計］	1,019,000	1,119,000
貸倒引当金	△ 20,000	△ 20,000	Ⅱ 評価・換算差額等		
投資その他の資産計	440,900	488,400	その他有価証券評価差額金	283,000	287,000
［固定資産合計］	1,007,400	1,069,400	［評価・換算差額等合計］	283,000	287,000
			純 資 産 合 計	1,302,000	1,406,000
資 産 合 計	2,386,000	2,537,100	負 債 純 資 産 合 計	2,386,000	2,537,100

〔付記事項〕

1．流動資産中の貸倒引当金は、受取手形と完成工事未収入金に対して設定されたものである。
2．その他流動資産は営業活動に伴うものであるが、当座の支払能力を有するものではない。
3．投資その他の資産は、すべて営業活動には直接関係していない資産である。
4．引当金及び有利子負債に該当する項目は、貸借対照表に明記したもの以外にはない。
5．第24期において繰越利益剰余金を原資として実施した配当の額は25,000千円である。

損 益 計 算 書

（単位：千円）

		第23期 自 平成×8年4月1日 至 平成×9年3月31日		第24期 自 平成×9年4月1日 至 平成×0年3月31日	
Ⅰ	完成工事高		2,050,000		2,031,000
Ⅱ	完成工事原価		1,820,000		1,760,000
	完成工事総利益		230,000		271,000
Ⅲ	販売費及び一般管理費		142,000		153,000
	営業利益		88,000		118,000
Ⅳ	営業外収益				
	受取利息	900		650	
	受取配当金	10,000		10,000	
	その他営業外収益	2,000	12,900	3,000	13,650
Ⅴ	営業外費用				
	支払利息	1,700		1,600	
	社債利息	800		800	
	為替差損	2,600		100	
	その他営業外費用	300	5,400	450	2,950
	経常利益		95,500		128,700
Ⅵ	特別利益		3,400		1,700
Ⅶ	特別損失		2,800		3,400
	税引前当期純利益		96,100		127,000
	法人税、住民税及び事業税	8,200		14,000	
	法人税等調整額	△ 1,000	7,200	△18,000	△ 4,000
	当期純利益		88,900		131,000

〔付記事項〕

1．第24期における有形固定資産の減価償却費及び無形固定資産の償却費の合計額は9,400千円である。

2．その他営業費用には、他人資本に付される利息は含まれていない。

キャッシュ・フロー計算書（要約）

（単位：千円）

		第23期 自 平成×8年4月1日 至 平成×9年3月31日	第24期 自 平成×9年4月1日 至 平成×0年3月31日
Ⅰ	営業活動によるキャッシュ・フロー	10,000	350,000
Ⅱ	投資活動によるキャッシュ・フロー	△ 28,000	△ 36,000
Ⅲ	財務活動によるキャッシュ・フロー	△ 4,000	△137,000
Ⅳ	現金及び現金同等物の増加・減少額	△ 22,000	177,000
Ⅴ	現金及び現金同等物の期首残高	175,000	153,000
Ⅵ	現金及び現金同等物の期末残高	153,000	330,000

完成工事原価報告書

（単位：千円）

		第23期 自 平成×8年4月1日 至 平成×9年3月31日	第24期 自 平成×9年4月1日 至 平成×0年3月31日
Ⅰ	材料費	309,400	299,200
Ⅱ	労務費	127,400	123,200
	（うち労務外注費）	（98,000）	（104,000）
Ⅲ	外注費	1,092,000	1,056,000
Ⅳ	経費	291,200	281,600
	完成工事原価	1,820,000	1,760,000

各期末時点の総職員数

	第23期	第24期
総職員数	35人	37人

第1問 （20点）　建設業の財務構造の特徴に関する次の問に解答しなさい。各問とも指定した字数以内で記入すること。

問1　資産・負債及び資本の構造の特徴について説明しなさい。（250字以内）
問2　収益・費用の構成の特徴について説明しなさい。（250字以内）

第2問 （15点）　次の文の 　　　 の中に入る適当な用語を下記の〈用語群〉の中から選び、その記号（ア～ノ）を解答用紙の所定の欄に記入しなさい。ただし、同じ記号を複数用いてはならない。

　財務分析における 　1　 分析は、投下資本とそれから獲得した利益との比率を考察する 　2　 分析によってまとめられる。分母である資本と分子である利益には様々なものがあるため、組み合わせによって多様な 　2　 がある。

　出資者の見地から投下資本の 　1　 を判断するための指標である 　3　 は、 　4　 とも呼ばれ、トップ・マネジメント評価の重要な指標として活用されている。この比率の分子すなわち利益としては、一般に 　5　 が用いられる。 　3　 はデュポンシステムと呼ばれる次の式によって分析することができる。

　　　3　 ＝売上高利益率× 　6　 ÷ 　7　

　活動性の指標である 　6　 は、年間の完成工事高を総資本の期中平均額で除したものである。一方、 　7　 の逆数は、資本乗数または 　8　 とも呼ばれ、この比率が高いことは他人資本依存度が高く 　9　 が低いことを意味する。

　他にも、本来の営業活動に投下された資本に対する 　1　 を表す比率として、 　10　 があり、分子としては、 　11　 を用いることが最も適切である。

〈用語群〉

ア　資本利益率	イ　経営資本利益率	ウ　経常利益	エ　成長性
オ　営業利益	カ　収益性	キ　自己資本利益率	ク　総資本投資効率
コ　財務レバレッジ	サ　総資本増減率	シ　資金変動性	ス　税引後当期純利益
セ　健全性	ソ　総資本利益率	タ　事業利益	チ　固定負債比率
ト　総資本回転率	ナ　自己資本比率	ニ　ROE	ネ　ROA
ノ　税引前当期純利益			

10

第3問
(20点)

次の〈資料〉に基づいて（A）～（D）の金額を算定するとともに、立替工事高比率も算定し、解答用紙の所定の欄に記入しなさい。この会社の会計期間は1年である。なお、解答に際しての端数処理については、解答用紙の指定のとおりとする。

〈資　料〉

1．貸借対照表

貸　借　対　照　表

（単位：百万円）

（資産の部）			（負債の部）	
現　金　預　金	（　A　）	支　払　手　形	4,290
受　取　手　形	7,300	工　事　未　払　金	×××
完成工事未収入金	×××	短　期　借　入　金	×××
未 成 工 事 支 出 金	25,100	未 払 法 人 税 等	1,650
材 料 貯 蔵 品	290	未 成 工 事 受 入 金	（　B　）
流動資産合計	×××	流動負債合計	×××
建　　　　物	15,230	社　　　債	13,000
機　械　装　置	5,200	長　期　借　入　金	×××
工 具 器 具 備 品	2,800	固定負債合計	×××
車　両　運　搬　具	×××	負債合計	90,000
建 設 仮 勘 定	×××	（純資産の部）	
土　　　　地	29,000	資　本　金	×××
投 資 有 価 証 券	×××	資　本　剰　余　金	×××
固定資産合計	71,250	利　益　剰　余　金	8,500
		純資産合計	×××
資産合計	×××	負債純資産合計	×××

2．損益計算書（一部抜粋）

損　益　計　算　書

（単位：百万円）

完成工事高	×××
完成工事原価	（　C　）
完成工事総利益	×××
販売費及び一般管理費	28,600
営業利益	×××
営業外収益	
受取利息配当金	880
その他	（　D　）
営業外費用	
支払利息	900
その他	650
経常利益	×××

3．関連データ（注1）

総資本経常利益率	4.98％	流動比率（注2）	145.00％
現金預金手持月数	1.48月	金利負担能力	9.20倍
負債比率	150.00％	有利子負債月商倍率	3.20倍
総資本回転率	0.96回	固定長期適合比率（注3）	75.00％

（注1） 算定にあたって期中平均値を使用することが望ましい比率についても、便宜上、期末残高の数値を用いて算定している。

（注2） 流動比率の算定は、建設業特有の勘定科目の金額を控除する方法によっている。

（注3） 固定長期適合比率の算定は、一般的な方法によっている。

第4問
（15点）
次の〈資料〉に基づき、下記の問に答えなさい。なお、解答に際しての端数処理については、解答用紙の指定のとおりとする。

〈資　料〉

第5期　完成工事高　　　　　¥28,644,000
　　　　安全余裕率　　　　　108.5％（分子は実際の完成工事高を用いている。）
　　　　固定費　　　　　　　¥ 9,240,000
　　　　総資本回転率　　　　1.2回（総資本は期中平均ではなく期末資本を用いている。）
　　　　変動的資本は総資本の75％とする。

問1　損益分岐点の完成工事高を求めなさい。

問2　資本回収点の完成工事高を求めなさい。

問3　第5期の変動費を求めなさい。

問4　第6期の目標利益を¥1,050,000としたときの完成工事高を求めなさい。なお、変動費率と固定費は第5期と同じとする。

問5　第7期には経営能力拡大のため、¥460,000の固定費の増加が見込まれている。第7期の完成工事高営業利益率を10％として、これを達成するための完成工事高を求めなさい。なお、変動費率は第5期と同じとする。

第5問
（30点）

北陸建設株式会社の第24期（決算日：平成×5年3月31日）及び第25期（決算日：平成×6年3月31日）の財務諸表並びにその関連データは〈別添資料〉のとおりであった。次の問に解答しなさい。

問1　第25期について、次の諸比率（A〜J）を算定しなさい。ただし、当座比率は、建設業特有の勘定科目の金額を除外する方法により算定すること。また、期中平均値を使用することが望ましい数値については、そのような処置をすること。なお、解答に際しての端数処理については、解答用紙の指定のとおりとする。

A　自己資本事業利益率　　　　B　当座比率　　　　　　　　　　C　付加価値率
D　経営資本回転率　　　　　　E　運転資本保有月数　　　　　　F　完成工事高増減率
G　借入金依存度　　　　　　　H　完成工事高キャッシュ・フロー率　I　支払勘定回転率
J　純支払利息比率

問2　同社の財務諸表とその関連データを参照しながら、次に示す文の　　　　の中に入れるべき最も適当な用語・数値を下記の〈用語・数値群〉の中から選び、記号（ア〜ハ）で解答しなさい。期中平均値を使用することが望ましい数値については、そのような処置をし、小数点第3位を四捨五入している。

　　生産性の指標は、企業の生産効率の測定に有効であるが、同時に、活動成果の配分が合理的に実施されたかの判断にも利用されている。生産性分析の中心概念であるのが　1　であり、計算方法としては控除法と加算法がある。
　　投下資本がどれほど生産性に貢献したかという生産的効率を意味するものが　2　である。この　2　分析における分母は、固定資産や有形固定資産の金額を使用することが多いが、この中には　3　等は除外されるべきである。他方、従業員1人当たりが生み出した　1　を示すものが、　4　である。この　4　は、3つの要因、すなわち、従業員1人当たりの生産設備への投資額を示す　5　、完成工事高に占める　1　の割合を示す付加価値率、そして活動性分析の指標でもある　6　に分解して分析することができる。第25期における　5　および　6　は、それぞれ　7　千円、　8　回である。

〈用語・数値群〉
ア　資本集約度　　　　　　　イ　建設仮勘定　　　　　　　ウ　資本収益性
エ　付加価値　　　　　　　　オ　1人当たり付加価値　　　カ　資本生産性
キ　労働分配率　　　　　　　ク　労働生産性　　　　　　　コ　繰延税金資産
サ　有形固定資産回転率　　　シ　負債利子率　　　　　　　ス　棚卸資産回転率
セ　労働装備率　　　　　　　ソ　1人当たり完成工事高　　タ　8.27
チ　8.37　　　　　　　　　　ト　8.40　　　　　　　　　　ナ　8.47
ニ　9,465.12　　　　　　　　ネ　9,593.02　　　　　　　　ノ　9,690.48
ハ　9,809.52

北陸建設株式会社の第24期及び第25期の財務諸表並びにその関連データ

貸 借 対 照 表

(単位：千円)

	第24期 平成×5年3月31日現在	第25期 平成×6年3月31日現在		第24期 平成×5年3月31日現在	第25期 平成×6年3月31日現在
(資産の部)			**(負債の部)**		
Ⅰ 流 動 資 産			Ⅰ 流 動 負 債		
現金預金	524,000	539,000	支払手形	340,000	385,000
受取手形	350,000	370,000	工事未払金	556,000	512,000
完成工事未収入金	745,700	1,074,000	短期借入金	69,000	125,000
有価証券	120,000	145,000	コマーシャルペーパー	4,000	5,000
未成工事支出金	40,000	71,000	一年内償還の社債	13,000	12,000
材料貯蔵品	4,000	4,300	未払金	8,000	8,400
短期貸付金	1,800	1,700	未払法人税等	13,000	15,000
繰延税金資産	63,000	60,000	未成工事受入金	117,000	138,000
その他流動資産	37,400	34,600	完成工事補償引当金	12,000	13,800
貸倒引当金	△ 22,000	△ 21,000	工事損失引当金	56,000	57,000
［流動資産合計］	1,863,900	2,278,600	その他の流動負債	48,200	70,500
Ⅱ 固 定 資 産			［流動負債合計］	1,236,200	1,341,700
1．有形固定資産			Ⅱ 固 定 負 債		
建物	120,000	124,000	社債	200,000	400,000
構築物	30,000	32,000	長期借入金	210,000	30,000
機械装置	80,000	82,000	繰延税金負債	—	120,000
車両運搬具	60,000	61,000	退職給付引当金	13,000	14,000
工具器具備品	12,000	13,000	［固定負債合計］	423,000	564,000
土地	100,000	100,000	負 債 合 計	1,659,200	1,905,700
建設仮勘定	2,000	5,000	**(純資産の部)**		
有形固定資産計	404,000	417,000	Ⅰ 株 主 資 本		
2．無形固定資産			1．資本金	250,000	250,000
借地権	3,000	3,200	2．資本剰余金		
ソフトウェア	1,200	1,300	資本準備金	78,000	79,000
無形固定資産計	4,200	4,500	資本剰余金計	78,000	79,000
3．投資その他の資産			3．利益剰余金		
投資有価証券	150,000	160,000	利益準備金	4,000	4,000
関係会社株式	43,000	42,000	その他利益剰余金	504,000	650,000
長期貸付金	10,500	9,800	利益剰余金計	508,000	654,000
破産更生債権等	2,600	800	4．自己株式	△ 7,000	△ 8,000
繰延税金資産	47,000	—	［株主資本合計］	829,000	975,000
その他投資	18,000	28,000	Ⅱ 評価・換算差額等		
貸倒引当金	△ 17,000	△ 16,000	その他有価証券評価差額金	38,000	44,000
投資その他の資産計	254,100	224,600	［評価・換算差額等合計］	38,000	44,000
［固定資産合計］	662,300	646,100	純 資 産 合 計	867,000	1,019,000
資 産 合 計	2,526,200	2,924,700	負 債 純 資 産 合 計	2,526,200	2,924,700

〔付記事項〕
1．流動資産中の貸倒引当金は、受取手形と完成工事未収入金に対して設定されたものである。
2．その他流動資産は営業活動に伴うものであるが、当座の支払能力を有するものではない。
3．投資その他の資産は、すべて営業活動には直接関係していない資産である。
4．引当金及び有利子負債に該当する項目は、貸借対照表に明記したもの以外にはない。
5．第25期において繰越利益剰余金を原資として実施した配当の額は43,000千円である。

損 益 計 算 書

（単位：千円）

		第24期 自 平成×4年4月1日 至 平成×5年3月31日		第25期 自 平成×5年4月1日 至 平成×6年3月31日	
Ⅰ	完成工事高		3,437,000		3,448,800
Ⅱ	完成工事原価		3,004,000		3,010,000
	完成工事総利益		433,000		438,800
Ⅲ	販売費及び一般管理費		145,000		160,000
	営業利益		288,000		278,800
Ⅳ	営業外収益				
	受取利息	500		400	
	受取配当金	900		1,100	
	その他営業外収益	9,000	10,400	3,000	4,500
Ⅴ	営業外費用				
	支払利息	3,500		2,800	
	社債利息	2,000		4,000	
	為替差損	500		200	
	その他営業外費用	1,000	7,000	1,100	8,100
	経常利益		291,400		275,200
Ⅵ	特別利益		10,000		1,200
Ⅶ	特別損失		97,000		25,000
	税引前当期純利益		204,400		251,400
	法人税、住民税及び事業税	67,000		61,000	
	法人税等調整額	△18,000	49,000	3,000	64,000
	当期純利益		155,400		187,400

〔付記事項〕

1．第25期における有形固定資産の減価償却費及び無形固定資産の償却費の合計額は10,500千円である。

2．その他営業費用には、他人資本に付される利息は含まれていない。

キャッシュ・フロー計算書（要約）

（単位：千円）

		第24期 自 平成×4年4月1日 至 平成×5年3月31日	第25期 自 平成×5年4月1日 至 平成×6年3月31日
Ⅰ	営業活動によるキャッシュ・フロー	42,000	86,000
Ⅱ	投資活動によるキャッシュ・フロー	△ 4,500	△ 30,000
Ⅲ	財務活動によるキャッシュ・フロー	△ 29,000	△ 41,000
Ⅳ	現金及び現金同等物の増加・減少額	8,500	15,000
Ⅴ	現金及び現金同等物の期首残高	515,500	524,000
Ⅵ	現金及び現金同等物の期末残高	524,000	539,000

完成工事原価報告書

（単位：千円）

		第24期 自 平成×4年4月1日 至 平成×5年3月31日	第25期 自 平成×5年4月1日 至 平成×6年3月31日
Ⅰ	材料費	520,000	487,000
Ⅱ	労務費	323,000	279,000
	（うち労務外注費）	（323,000）	（279,000）
Ⅲ	外注費	2,005,000	2,096,000
Ⅳ	経費	156,000	148,000
	完成工事原価	3,004,000	3,010,000

各期末時点の総職員数

	第24期	第25期
総職員数	41人	43人

16

第1問
（20点）

建設業における企業経営の総合指標には「経営事項審査」がある。これに関する以下の問に答えなさい。各問とも指定した字数以内で記入すること。

問1　審査項目の経営規模（X2）の具体的な審査内容に挙げられている利益について説明しなさい。（200字以内）

問2　審査項目の経営状況（Y）の具体的な指標を3つ挙げて、それぞれを説明しなさい。（300字以内）

第2問
（15点）

次の文の　　　　の中に入る適当な用語を下記の〈用語群〉の中から選び、その記号（ア〜ハ）を解答用紙の所定の欄に記入しなさい。

　損益分岐点分析では、経営能力の保持に関して発生するコストである　1　と経営活動の遂行とともに発生するコストである　2　に分解される。　1　と　2　に分解する具体的な方法には、いくつかのものがある。二つの異なった稼働水準における費用額を測定して、その差額の推移から　1　部分と　2　部分を区分する方法を　3　という。また、　4　とは、過去の実績データに数学的処理を加え、それに基づいて総費用線を引く方法をいう。

　損益分岐点とは、利益も損失も発生しない点であり、　1　を限界利益率で除した数値が　5　となる。また、　1　を単位当たり　6　で除することによって損益分岐点販売量を計算することもできる。　5　と予算や実績の売上高の離れ具合を示す比率を　7　といい、これは次のような算式によって求められる。すなわち、　7　＝売上高÷　5　×100である。

　建設業の分析では、資金調達の重要性を加味した　8　段階で損益分岐点分析を行うことを慣行としている。したがって、　1　に　9　を加え、工事原価の他に　8　の範囲内におけるその他の費用を　2　に加えている。

〈用語群〉

ア　固定費	イ　準固定費	ウ　限界利益
エ　スキャッターグラフ法	オ　変動費	カ　準変動費
キ　資本回収点	ク　営業利益	コ　高低2点法
サ　固定費率	シ　支払利息	ス　経常利益
セ　勘定科目精査法	ソ　変動費率	タ　受取利息
チ　安全余裕率	ト　売上総利益	ナ　外注費
ニ　減価償却費	ネ　損益分岐点比率	ノ　最小自乗法
ハ　損益分岐点売上高		

第3問
(20点)

次の〈資料〉に基づいて（A）～（D）の金額を算定するとともに、支払勘定回転率も算定し、解答用紙の所定の欄に記入しなさい。この会社の会計期間は1年である。なお、解答に際しての端数処理については、解答用紙の指定のとおりとする。

〈資 料〉
1．貸借対照表

貸 借 対 照 表

（単位：百万円）

（資産の部）		（負債の部）	
現 金 預 金	30,010	支 払 手 形	×××
受 取 手 形	22,000	工 事 未 払 金	18,600
完成工事未収入金	（ A ）	短 期 借 入 金	17,000
未 成 工 事 支 出 金	54,640	未 払 法 人 税 等	3,600
材 料 貯 蔵 品	×××	未 成 工 事 受 入 金	（ C ）
流動資産合計	132,450	流動負債合計	×××
建 物	×××	社 債	×××
機 械 装 置	×××	長 期 借 入 金	11,000
工 具 器 具 備 品	4,200	固定負債合計	×××
車 両 運 搬 具	2,350	負債合計	×××
建 設 仮 勘 定	（ B ）	（純資産の部）	
土 地	×××	資 本 金	36,400
投 資 有 価 証 券	13,000	資 本 剰 余 金	20,000
長 期 貸 付 金	500	利 益 剰 余 金	13,600
固定資産合計	×××	純資産合計	70,000
資産合計	×××	負債純資産合計	×××

2．損益計算書（一部抜粋）

損 益 計 算 書

（単位：百万円）

完成工事高	×××
完成工事原価	×××
完成工事総利益	27,200
販売費及び一般管理費	16,058
営業利益	11,142
営業外収益	
受取利息配当金	×××
その他	（ D ）
営業外費用	
支払利息	×××
その他	1,801
経常利益	×××

3．関連データ（注1）

経営資本営業利益率	6.00％	流動比率（注2）	155.00％
完成工事高経常利益率	3.00％	借入金依存度	26.00％
総資本回転率	1.20回	固定比率	96.50％
純支払利息比率	1.00％	受取勘定滞留月数	2.30月

（注1） 算定にあたって期中平均値を使用することが望ましい比率についても、便宜上、期末残高の数値を用いて算定している。

（注2） 流動比率の算定は、建設業特有の勘定科目の金額を控除する方法によっている

第4問
（15点）

次の〈資料〉に基づき、下記の問に答えなさい。なお、期中平均値を使用すべき場合であっても、期末の数値を用いて計算すること。また、解答に際しての端数処理については、解答用紙の指定のとおりとする。

〈資　料〉　　　　　　　　　　　　　　（単位：千円）
1．完成工事高　　　　　　　　　　　　　　45,780,000
2．完成工事原価の内訳
　　　　　　材　料　費　　　　　　　　6,518,000
　　　　　　労　務　費　　　　　　　　　 178,000
　　　　　　（うち労務外注費　　　　　　 125,000）
　　　　　　外　注　費　　　　　　　 26,637,000
　　　　　　経　　　　費　　　　　　　 8,140,000
　　　　　　（うち人件費　　　　　　　 1,950,000）
3．販売費及び一般管理費　　　　　　　　 1,711,000
4．資産の内訳
　　　　　　流　動　資　産　　　　　 10,652,000
　　　　　　有　形　固　定　資　産　　 15,058,000
　　　　　　（うち建設仮勘定　　　　　　　43,900）
　　　　　　無　形　固　定　資　産　　　　 142,000
　　　　　　投資その他の資産　　　　　　 8,162,000
5．職員数
　　　技　術　系　540人
　　　事　務　系　180人

問1　付加価値率を計算しなさい。
問2　労働装備率を計算しなさい。
問3　設備投資効率を計算しなさい。
問4　労働生産性は、付加価値率×資本集約度× [　　　　] の3つの要因に分解することができる。[　　　　] の要因の数値を計算しなさい。

第5問 (30点) 熊本建設株式会社の第25期（決算日：平成×5年3月31日）及び第26期（決算日：平成×6年3月31日）の財務諸表並びにその関連データは〈別添資料〉のとおりであった。次の問に解答しなさい。

問1 第26期について、次の諸比率（A～J）を算定しなさい。期中平均値を使用することが望ましい数値については、そのような処置をすること。また、F営業利益増減率がプラスの場合は「A」、マイナスの場合は「B」を解答用紙の所定の欄に記入しなさい。なお、解答に際しての端数処理については、解答用紙の指定のとおりとする。

A　総資本経常利益率　　　　　　　　B　立替工事高比率
C　付加価値対固定資産比率　　　　　D　棚卸資産回転率
E　営業キャッシュ・フロー対流動負債比率　　F　営業利益増減率
G　有利子負債月商倍率　　　　　　　H　未成工事収支比率
I　配当率　　　　　　　　　　　　　J　資本集約度

問2 同社の財務諸表とその関連データを参照しながら、次に示す文の [　　] の中に入れるべき最も適当な用語・数値を下記の〈用語・数値群〉の中から選び、記号（ア～ル）で解答しなさい。期中平均値を使用することが望ましい数値については、そのような処置をし、小数点第3位を四捨五入している。

　　財務分析における [1] 分析は、総括的には投下資本とそれから獲得した利益との比率を考察する [2] 分析によってまとめられる。この [2] は、その概念に多様性が存在するため、組み合わせによって異なる意味を持つ。資本の財務的な運用成果をも加味した他人資本利子控除前の利益概念が、 [3] である。第26期における [3] は、 [4] 千円であり、この利益に基づくROAとも呼ばれる利益率は、 [5] ％である。
　　[2] は、売上高利益率と [6] に分解される。この [6] は、企業の [7] を分析する指標であり、これにも複数のものがある。総じて [6] の数値は、 [8] ほど望ましいが、その中でも過度に数値が [8] 場合には注意をしなければならないのが [9] である。第26期におけるこの [9] は、 [10] 回である。

〈用語・数値群〉
ア　資本回転率　　　イ　事業利益　　　ウ　健全性　　　エ　資本利益率
オ　経常利益　　　　カ　収益性　　　　キ　総資本経常利益率　　ク　経営資本回転率
コ　総資本事業利益率　サ　営業利益　　シ　経営資本　　ス　総資本
セ　活動性　　　　　ソ　自己資本比率　タ　自己資本　　チ　自己資本回転率
ト　生産性　　　　　ナ　大きい　　　　ニ　小さい　　　ネ　総資本回転率
ノ　1.11　　　　　　ハ　1.38　　　　　フ　1.43　　　　ヘ　1.69
ホ　1.75　　　　　　ム　1.82　　　　　モ　1.90　　　　ヤ　17,420
ヨ　19,350　　　　　ラ　22,490　　　　ル　27,560

第5問〈別添資料〉

熊本建設株式会社の第25期及び第26期の財務諸表並びにその関連データ

貸借対照表

(単位：千円)

	第25期 平成x5年3月31日現在	第26期 平成x6年3月31日現在		第25期 平成x5年3月31日現在	第26期 平成x6年3月31日現在
（資産の部）			**（負債の部）**		
Ⅰ 流 動 資 産			Ⅰ 流 動 負 債		
現金預金	252,000	337,000	支払手形	60,000	86,000
受取手形	45,100	30,500	工事未払金	219,300	244,800
完成工事未収入金	691,000	723,000	短期借入金	133,300	143,400
有価証券	3,200	1,500	コマーシャルペーパー	12,000	13,000
未成工事支出金	51,600	45,600	一年内償還の社債	5,000	5,000
材料貯蔵品	400	500	未払金	3,200	3,800
短期貸付金	2,800	2,700	未払法人税等	4,000	2,200
繰延税金資産	72,000	58,600	未成工事受入金	73,300	81,900
その他流動資産	33,000	58,000	完成工事補償引当金	4,800	5,900
貸倒引当金	△ 5,400	△ 2,900	工事損失引当金	19,800	10,700
［流動資産合計］	1,145,700	1,254,500	その他の流動負債	62,300	48,900
Ⅱ 固 定 資 産			［流動負債合計］	597,000	645,600
1．有形固定資産			Ⅱ 固 定 負 債		
建物	22,600	18,800	社債	12,000	13,000
構築物	4,400	4,000	長期借入金	118,100	118,600
機械装置	10,000	11,600	繰延税金負債	1,200	—
車両運搬具	800	900	退職給付引当金	19,600	12,400
工具器具備品	4,500	3,000	［固定負債合計］	150,900	144,000
土地	149,000	143,500	負 債 合 計	747,900	789,600
建設仮勘定	300	100	**（純資産の部）**		
有形固定資産合計	191,600	181,900	Ⅰ 株 主 資 本		
2．無形固定資産			1．資本金	240,000	240,000
借地権	2,400	2,700	2．資本剰余金		
ソフトウェア	1,900	2,300	資本準備金	240,000	240,000
無形固定資産合計	4,300	5,000	資本剰余金合計	240,000	240,000
3．投資その他の資産			3．利益剰余金		
投資有価証券	134,300	140,400	利益準備金	34,700	53,000
関係会社株式	23,200	23,200	その他利益剰余金	232,000	278,000
長期貸付金	100	500	利益剰余金合計	266,700	331,000
破産更生債権等	300	400	4．自己株式	△ 20,600	△ 20,600
繰延税金資産	—	5,800	［株主資本合計］	726,100	790,400
その他投資	22,300	20,000	Ⅱ 評価・換算差額等		
貸倒引当金	△ 5,800	△ 5,700	その他有価証券評価差額金	42,000	46,000
投資その他の資産合計	174,400	184,600	［評価・換算差額等合計］	42,000	46,000
［固定資産合計］	370,300	371,500	純 資 産 合 計	768,100	836,400
資 産 合 計	1,516,000	1,626,000	負 債 純 資 産 合 計	1,516,000	1,626,000

〔付記事項〕
1．流動資産中の貸倒引当金は、受取手形と完成工事未収入金に対して設定されたものである。
2．その他流動資産は営業活動に伴うものであるが、当座の支払能力を有するものではない。
3．投資その他の資産は、すべて営業活動には直接関係していない資産である。
4．引当金及び有利子負債に該当する項目は、貸借対照表に明記したもの以外にはない。
5．第26期において繰越利益剰余金を原資として実施した配当の額は4,500千円である。

損 益 計 算 書

（単位：千円）

		第25期 自 平成×4年4月1日 至 平成×5年3月31日		第26期 自 平成×5年4月1日 至 平成×6年3月31日	
Ⅰ	完成工事高		1,591,800		1,523,200
Ⅱ	完成工事原価		1,444,100		1,406,800
	完成工事総利益		147,700		116,400
Ⅲ	販売費及び一般管理費		90,500		91,700
	営業利益		57,200		24,700
Ⅳ	営業外収益				
	受取利息	420		440	
	受取配当金	2,400		2,700	
	その他営業外収益	480	3,300	620	3,760
Ⅴ	営業外費用				
	支払利息	3,900		4,700	
	社債利息	360		370	
	為替差損	200		700	
	その他営業外費用	1,600	6,060	200	5,970
	経常利益		54,440		22,490
Ⅵ	特別利益		800		900
Ⅶ	特別損失		160,000		2,400
	税引前当期純利益		△104,760		20,990
	法人税、住民税及び事業税	8,800		3,000	
	法人税等調整額	△36,000	△ 27,200	4,760	7,760
	当期純利益		△131,960		13,230

〔付記事項〕

1．第26期における有形固定資産の減価償却費及び無形固定資産の償却費の合計額は3,200千円である。

2．その他営業費用には、他人資本に付される利息は含まれていない。

キャッシュ・フロー計算書（要約）

（単位：千円）

		第25期 自 平成×4年4月1日 至 平成×5年3月31日	第26期 自 平成×5年4月1日 至 平成×6年3月31日
Ⅰ	営業活動によるキャッシュ・フロー	△ 88,700	98,800
Ⅱ	投資活動によるキャッシュ・フロー	△ 12,600	△ 7,100
Ⅲ	財務活動によるキャッシュ・フロー	△ 16,000	△ 6,700
Ⅳ	現金及び現金同等物の増加・減少額	△117,300	85,000
Ⅴ	現金及び現金同等物の期首残高	369,300	252,000
Ⅵ	現金及び現金同等物の期末残高	252,000	337,000

完成工事原価報告書

（単位：千円）

	第25期 自 平成×4年4月1日 至 平成×5年3月31日	第26期 自 平成×5年4月1日 至 平成×6年3月31日
Ⅰ　材料費	262,600	247,200
Ⅱ　労務費	5,400	3,900
（うち労務外注費）	（700）	（100）
Ⅲ　外注費	888,900	867,400
Ⅳ　経費	287,200	288,300
完成工事原価	1,444,100	1,406,800

各期末時点の総職員数

	第25期	第26期
総職員数	40人	42人

制限時間 90分

解　答　123
解答用紙　12

第1問
（20点）

次の問に答えなさい。解答にあたっては、各問とも指定した字数以内で記入すること。

問1　建設業の流動性分析では、一般産業における分析指標とは異なる計算方法が用いられる。この建設業特有の計算方法に触れながら、流動性分析の意義について説明しなさい。（250字以内）

問2　流動性分析や健全性分析に加えて、資金変動性分析が必要な理由について説明しなさい。（250字以内）

第2問
（15点）

次の文の　　　　の中に入る適当な用語を下記の〈用語群〉の中から選び、その記号（ア〜ノ）を解答用紙の所定の欄に記入しなさい。

企業の　1　分析とは、資本やその運用たる資産等が、ある一定期間の間にどの程度運動したかを示すものであり、回転率や回転期間が用いられる。

　2　は売上債権の回収速度を示すものであり、この値が　3　ほど回収速度が遅く、資本の運用効率が低いことを示している。これに対して、　4　をこの　2　で除すると　5　が求まるため、回転期間（月）と回転率の両者は逆数の関係にある。なお、建設業の場合には通常、工事代金の一部を前受けしていることから　6　の額を控除した、正味　2　を算定することも必要である。

さらに、建設業においては工事進行基準に基づく売上債権の回転率を表している　7　を見ることも重要である。この比率の算式は、施工高÷（売掛債権＋　8　－　6　）であらわされる。

〈用語群〉

ア　完成工事原価	イ　未成工事支出金	ウ　受取勘定滞留月数
エ　未成工事施工高	オ　未成工事受入金	カ　受取勘定回転率
キ　受取勘定回転期間	ク　活動性	コ　生産性
サ　完成工事未収入金滞留月数	シ　棚卸資産	ス　完成工事未収入金
セ　工事未払金	ソ　未収施工高回転率	タ　大きい
チ　小さい	ト　健全性	ナ　完成工事高
ニ　3カ月	ネ　12カ月	ノ　未成工事支出金回転率

第3問
(20点)

次の〈資料〉に基づいて（Ａ）～（Ｄ）の金額を算定するとともに、固定長期適合比率も算定し、解答用紙の所定の欄に記入しなさい。この会社の会計期間は1年である。なお、解答に際しての端数処理については、解答用紙の指定のとおりとする。

〈資料〉

1．貸借対照表

貸 借 対 照 表

（単位：百万円）

（資産の部）		（負債の部）	
現 金 預 金	×××	支 払 手 形	×××
受 取 手 形	60,425	工 事 未 払 金	113,700
完成工事未収入金	（　Ａ　）	短 期 借 入 金	34,274
未成工事支出金	36,200	未 払 法 人 税 等	6,300
材 料 貯 蔵 品	100	未 成 工 事 受 入 金	（　Ｃ　）
流動資産合計	236,200	流動負債合計	×××
建　　　　　物	52,000	長 期 借 入 金	×××
機 械 装 置	×××	固定負債合計	×××
工 具 器 具 備 品	6,400	負債合計	×××
車 両 運 搬 具	16,000	（純資産の部）	
土　　　　　地	23,800	資　　本　　金	63,000
建 設 仮 勘 定	（　Ｂ　）	資 本 剰 余 金	63,000
投 資 有 価 証 券	36,476	利 益 剰 余 金	30,000
固定資産合計	×××	純資産合計	156,000
資産合計	×××	負債純資産合計	×××

2．損益計算書（一部抜粋）

損 益 計 算 書

（単位：百万円）

完成工事高	×××
完成工事原価	×××
完成工事総利益	×××
販売費及び一般管理費	（　Ｄ　）
営業利益	15,867
営業外収益	
受取利息配当金	×××
その他	5,400
営業外費用	
支払利息	1,200
その他	3,000
経常利益	×××

27

3．関連データ（注1）

総資本経常利益率	4.50％	経営資本営業利益率	4.50％
完成工事高経常利益率	2.00％	完成工事原価率	87.50％
流動比率（注2）	125.00％	固定比率	105.00％
受取勘定滞留月数	2.10月	借入金依存度	21.25％

（注1）　算定にあたって期中平均値を使用することが望ましい比率についても、便宜上、期末残高の数値を用いて算定している。

（注2）　流動比率の算定は、建設業特有の勘定科目の金額を控除する方法によっている。

第4問
（15点）

次の〈資料〉に基づき、下記の問に答えなさい。なお、解答に際しての端数処理については、解答用紙の指定のとおりとする。

〈資　料〉

1．当期（第26期）の完成工事高 ¥15,200,000（年額19,000時間×@¥800）

2．当期における月次の低操業度および高操業度での原価発生額

	作業時間	工事原価
低操業度	1,300時間	¥　875,000
高操業度	2,100時間	¥1,339,000

3．当期の販売費及び一般管理費（すべて固定費）　¥1,648,000（年額）

4．当期の営業外損益（支払利息のみ）　　　　　　¥　612,500

なお、資料4についての固定費・変動費の区分は建設業における慣行的な固変区分に基づく。

問1　工事原価を高低2点法によって費用分解し、作業1時間当たりの変動費の額を計算しなさい。

問2　工事原価のうち固定費の額（年額）を計算しなさい。

問3　経常利益段階における当期の損益分岐点完成工事高を計算しなさい。

問4　問3に関連して、分子に安全余裕の金額を用いて、当期の安全余裕率を求めなさい。

問5　次期（第27期）の完成工事高経常利益率を5.5％として、これを達成するための完成工事高を求めなさい。なお、変動費率と固定費の額は当期と同じとする。

第5問
(30点)

東北建設株式会社の第26期（決算日：20×5年3月31日）及び第27期（決算日：20×6年3月31日）の財務諸表並びにその関連データは〈別添資料〉のとおりであった。次の設問に解答しなさい。

問1　第27期について、次の諸比率（A～J）を算定しなさい。期中平均値を使用することが望ましい数値については、そのような処置をすること。ただし、流動負債比率は、建設業特有の勘定科目の金額を控除する方法により算定すること。また、F営業利益増減率がプラスの場合は「A」、マイナスの場合は「B」を解答用紙の所定の欄に記入しなさい。なお、解答に際しての端数処理については、解答用紙の指定のとおりとする。

A　総資本事業利益率　　B　流動負債比率　　　　　　C　運転資本保有月数
D　経営資本回転率　　　E　完成工事高キャッシュ・フロー率　F　営業利益増減率
G　負債回転期間　　　　H　労働装備率　　　　　　　I　配当性向
J　損益分岐点比率

問2　同社の財務諸表とその関連データを参照しながら、次に示す文の　　　　の中に入れるべき最も適当な用語・数値を下記の〈用語・数値群〉の中から選び、記号（ア～ラ）で解答しなさい。期中平均値を使用することが望ましい数値については、そのような処置をし、小数点第3位を四捨五入している。なお、金額については千円未満を四捨五入している。

(1)　企業財務の安全性もしくは安定性は、企業財務の流動性の確保と　1　の　2　によって支えられている。　1　分析の中核は、総資本に占める　3　の比率を示す　3　比率である。この比率が高いほど過去の業績がよかったということを示している。一方で、固定資産への投資を　3　の範囲内で実施しているかを判定するための比率が　4　比率であり、第27期における　4　比率は　5　％である。

(2)　付加価値を算定する場合に、　6　を含めるか否かで、付加価値の名称も異なるが、　6　を含めた場合は、これを　7　付加価値と呼んでいる。『建設業の経営分析』での計算においては　6　は含まれていない。また、付加価値労働生産性は、いくつかの要因に分解して分析することができる。例えば、労働装備率と　8　に分解されることや、他にも付加価値を総資本で割った数値と資本集約度に分解されるものがある。第27期におけるこの　8　は、　9　％であり、資本集約度は　10　千円となる。

〈用語・数値群〉
ア　投資構造　　　イ　固定負債　　　　ウ　減価償却費　　　エ　総資本投資効率
オ　健全性　　　　カ　負債　　　　　　キ　付加価値率　　　ク　利益分配性向
コ　粗　　　　　　サ　純　　　　　　　シ　資本構造　　　　ス　固定
セ　労務費　　　　ソ　生産性　　　　　タ　有形固定資産回転率　チ　自己資本
ト　活動性　　　　ナ　設備投資効率　　ニ　外注費　　　　　ネ　22.51
ノ　83.16　　　　ハ　95.12　　　　　フ　97.33　　　　　ヘ　98.81
ホ　100.97　　　　ム　103.85　　　　モ　49,599　　　　　ヤ　49,750
ヨ　50,269　　　　ラ　50,422

第5問 〈別添資料〉

東北建設株式会社の第26期及び第27期の財務諸表並びにその関連データ

貸 借 対 照 表

（単位：千円）

（資産の部）	第26期 20×5年3月31日現在	第27期 20×6年3月31日現在	（負債の部）	第26期 20×5年3月31日現在	第27期 20×6年3月31日現在
Ⅰ　流動資産			Ⅰ　流動負債		
現金預金	306,710	243,300	支払手形	147,400	319,500
受取手形	23,450	75,220	電子記録債務	326,970	262,600
完成工事未収入金	1,550,700	1,314,100	工事未払金	455,150	469,700
有価証券	600	50	短期借入金	149,890	162,100
未成工事支出金	34,200	20,250	一年内償還の社債	2,000	2,000
材料貯蔵品	4,000	4,230	未払金	30,690	38,230
短期貸付金	100	140	未払法人税等	59,600	40,200
その他流動資産	277,040	328,450	未成工事受入金	149,130	115,890
貸倒引当金	△ 1,700	△ 1,540	完成工事補償引当金	21,000	22,600
［流動資産合計］	2,195,100	1,984,200	工事損失引当金	8,000	6,800
Ⅱ　固定資産			その他の流動負債	310,270	44,680
1．有形固定資産			［流動負債合計］	1,660,100	1,484,300
建物	249,700	253,200	Ⅱ　固定負債		
構築物	7,160	10,400	社債	250,000	250,000
機械装置	6,100	11,140	長期借入金	1,000	1,000
車両運搬具	450	420	繰延税金負債	54,900	73,100
工具器具備品	2,020	2,050	退職給付引当金	87,980	86,700
土地	480,000	526,100	［固定負債合計］	393,880	410,800
建設仮勘定	87,100	136,900	負債合計	2,053,980	1,895,100
有形固定資産合計	832,530	940,210	（純資産の部）		
2．無形固定資産			Ⅰ　株主資本		
ソフトウェア	4,300	4,800	1．資本金	335,100	335,100
その他	2,000	1,800	2．資本剰余金		
無形固定資産合計	6,300	6,600	資本準備金	307,800	307,800
3．投資その他の資産			資本剰余金合計	307,800	307,800
投資有価証券	622,600	693,150	3．利益剰余金		
関係会社株式	33,200	33,100	利益準備金	58,780	58,780
長期貸付金	12,900	19,100	その他利益剰余金	795,580	897,080
破産更生債権等	500	400	利益剰余金合計	854,360	955,860
その他投資	40,400	44,140	4．自己株式	△ 15,780	△ 21,700
貸倒引当金	△ 1,000	△ 990	［株主資本合計］	1,481,480	1,577,060
投資その他の資産合計	708,600	788,900	Ⅱ　評価・換算差額等		
［固定資産合計］	1,547,430	1,735,710	その他有価証券評価差額金	207,070	247,750
			［評価・換算差額等合計］	207,070	247,750
			純資産合計	1,688,550	1,824,810
資産合計	3,742,530	3,719,910	負債純資産合計	3,742,530	3,719,910

〔付記事項〕

1．流動資産中の貸倒引当金は、受取手形と完成工事未収入金に対して設定されたものである。

2．その他流動資産は営業活動に伴うものであるが、当座の支払能力を有するものではない。

3．投資その他の資産は、すべて営業活動には直接関係していない資産である。

4．引当金及び有利子負債に該当する項目は、貸借対照表に明記したもの以外にはない。

5．第27期において繰越利益剰余金を原資として実施した配当の額は 71,000 千円である。

損 益 計 算 書

（単位：千円）

		第26期 自 20×4年4月1日 至 20×5年3月31日		第27期 自 20×5年4月1日 至 20×6年3月31日	
Ⅰ	完成工事高		3,070,450		2,761,560
Ⅱ	完成工事原価		2,660,000		2,365,000
	完成工事総利益		410,450		396,560
Ⅲ	販売費及び一般管理費		161,850		168,420
	営業利益		248,600		228,140
Ⅳ	営業外収益				
	受取利息	1,800		280	
	受取配当金	18,500		9,400	
	その他営業外収益	4,220	24,520	4,240	13,920
Ⅴ	営業外費用				
	支払利息	2,460		2,590	
	社債利息	2,080		1,560	
	為替差損	6,800		840	
	その他営業外費用	1,850	13,190	1,290	6,280
	経常利益		259,930		235,780
Ⅵ	特別利益		19,590		14,070
Ⅶ	特別損失		6,650		1,690
	税引前当期純利益		272,870		248,160
	法人税、住民税及び事業税	67,620		76,300	
	法人税等調整額	11,830	79,450	560	76,860
	当期純利益		193,420		171,300

〔付記事項〕

1．第27期における有形固定資産の減価償却費及び無形固定資産の償却費の合計額は17,000千円である。

2．その他営業費用には、他人資本に付される利息は含まれていない。

キャッシュ・フロー計算書（要約）

（単位：千円）

		第26期 自 20×4年4月1日 至 20×5年3月31日	第27期 自 20×5年4月1日 至 20×6年3月31日
Ⅰ	営業活動によるキャッシュ・フロー	407,630	135,700
Ⅱ	投資活動によるキャッシュ・フロー	△ 139,450	△ 154,200
Ⅲ	財務活動によるキャッシュ・フロー	△ 150,400	△ 44,910
Ⅳ	現金及び現金同等物の増加・減少額	117,780	△ 63,410
Ⅴ	現金及び現金同等物の期首残高	188,930	306,710
Ⅵ	現金及び現金同等物の期末残高	306,710	243,300

完成工事原価報告書

（単位：千円）

	第26期 自 20×4年 4 月 1 日 至 20×5年 3 月31日	第27期 自 20×5年 4 月 1 日 至 20×6年 3 月31日
Ⅰ 材料費	452,200	421,000
Ⅱ 労務費	133,000	116,000
（うち労務外注費）	(133,000)	(116,000)
Ⅲ 外注費	1,649,200	1,442,700
Ⅳ 経費	425,600	385,300
完成工事原価	2,660,000	2,365,000

各期末時点の総職員数

	第26期	第27期
総職員数	76人	74人

32

第1問
(20点)

次の問に答えなさい。解答にあたっては、各問ともに指定した字数以内で記入すること。

問1　活動性分析について、回転率と回転期間に触れながら説明しなさい。(250字以内)

問2　活動性分析におけるキャッシュ・コンバージョン・サイクル（Cash Conversion Cycle）について、3つの指標に触れながら説明しなさい。(250字以内)

第2問
(15点)

キャッシュ・フロー計算書の分析に関する次の文の ☐ の中に入る適当な用語を下記の〈用語群〉の中から選び、その記号（ア～ニ）を解答用紙の所定の欄に記入しなさい。

　キャッシュ・フロー計算書を分析する手法には、大別して実数分析と比率分析がある。実数分析は、さらに 1 分析、 2 分析、 3 分析に分けられる。 1 分析とは、ある期間のキャッシュ・フロー計算書項目について、その金額および内容を分析することをいう。 2 分析とは、2期間以上にわたる1企業の財務諸表の各項目を比較して、その 2 を分析し、さらに 2 の原因を明らかにすることによって、企業活動の 4 な状態を把握しようとするものである。また 3 分析とは、企業の事業収入と事業支出とが一致する 3 点を分析するキャッシュ・フロー 5 点分析に代表される分析手法をいう。

　実数分析に対し、比率分析とは、各種のキャッシュ・フロー数値間あるいは他の財務諸表から得られる数値を用いて、一定の視点から比率を算定して、それによってキャッシュ・フローの状況を明らかにしようとする分析方法である。比率分析に利用される比率には、 6 比率、 7 比率、特殊比率などがある。

　 6 比率分析とは、全体に対する部分の割合をあらわす比率に基づいてキャッシュ・フローの状況を分析する方法をいい、そこでは各項目が 8 という共通の尺度によって示される。したがって、 9 によるキャッシュ・フロー計算書を前提とするこの分析からは、同計算書を構成する各要素の相互関係を明確に把握することができるようになる。 8 キャッシュ・フロー計算書においては、 10 を100％とすることが基点となり、その他の諸項目はそれに対する割合で表される。この分析方法は、規模の異なる複数の企業のキャッシュ・フローの状況を比較することが可能である。

〈用語群〉

ア　静的	イ　間接法	ウ　損益	エ　増減
オ　資本回収	カ　分岐	キ　単純	ク　営業支出
コ　均衡	サ　百分率	シ　財務	ス　直接法
セ　営業収入	ソ　動的	タ　営業キャッシュ・フロー	チ　趨勢
ト　構成	ナ　投資	ニ　純キャッシュ・フロー	

第3問
(20点)

次の〈資料〉に基づいて（A）～（D）の金額を算定するとともに、当座比率（建設業特有の勘定科目を控除する方法）も算定し、解答用紙の所定の欄に記入しなさい。この会社の会計期間は1年である。なお、解答に際しての端数処理については、解答用紙の指定のとおりとする。

〈資料〉

1．貸借対照表

貸　借　対　照　表

（単位：百万円）

（資産の部）		（負債の部）	
現　金　預　金	×××	支　払　手　形	12,625
受　取　手　形	30,250	工　事　未　払　金	×××
完成工事未収入金	（　A　）	短　期　借　入　金	11,225
未成工事支出金	16,750	未払法人税等	3,150
材　料　貯　蔵　品	50	未成工事受入金	×××
流動資産合計	×××	流動負債合計	×××
建　　　　　物	26,000	長　期　借　入　金	×××
機　械　装　置	9,100	固定負債合計	×××
工　具　器　具　備　品	3,200	負債合計	×××
車　両　運　搬　具	×××	（純資産の部）	
建　設　仮　勘　定	×××	資　　本　　金	40,000
土　　　　　地	11,950	資　本　剰　余　金	20,000
投　資　有　価　証　券	15,000	利　益　剰　余　金	（　B　）
固定資産合計	80,250	純資産合計	×××
資産合計	×××	負債純資産合計	×××

2．損益計算書（一部抜粋）

損　益　計　算　書

（単位：百万円）

完成工事高	×××
完成工事原価	（　C　）
完成工事総利益	×××
販売費及び一般管理費	31,450
営業利益	×××
営業外収益	
受取利息配当金	1,750
その他	1,700
営業外費用	
支払利息	（　D　）
その他	×××
経常利益	×××

3．関連データ（注1）

経営資本営業利益率	4.60％	棚卸資産回転率	25.00回
流動比率（注2）	125.00％	支払勘定回転率	6.40回
固定長期適合比率（注3）	80.25％	現金預金手持月数	0.60月
経営資本回転期間	5.00月	金利負担能力	3.50倍
有利子負債月商倍率	1.15月		

（注1）　算定にあたって期中平均値を使用することが望ましい比率についても、便宜上、期末残高の数値を用いて算定している。

（注2）　流動比率の算定は、建設業特有の勘定科目の金額を控除する方法によっている。

（注3）　固定長期適合比率の算定は、一般的な方法によっている。

第4問（15点）　次の〈資料〉に基づき、下記の設問に答えなさい。ただし、解答に際しての端数処理については、解答用紙の指定のとおりとする。なお、期中平均値を使用することが望ましい数値については、そのような処置をすること。

〈資料〉

1．完成工事原価の内訳

材料費	299,200円
労務費	123,200円
（うち労務外注費	104,000円）
外注費	1,056,000円
経費	281,600円
（うち人件費	78,000円）

2．完成工事原価率　80％

3．資産の内訳（期中平均）

流動資産	1,468,000円
有形固定資産	1,070,000円
（うち建設仮勘定	32,000円）
無形固定資産	17,000円
投資その他の資産	88,000円

4．従業員数

期首	技術系職員	35人	期末　技術系職員	37人
	事務系職員	15人	事務系職員	17人

問1　付加価値の金額を計算しなさい。

問2　資本生産性（付加価値対固定資産比率）を計算しなさい。

問3　労働装備率を計算しなさい。

問4　設備投資効率を計算しなさい。

問5　付加価値労働生産性は、付加価値率×総資本回転率×□□□ の3つの要因に分解することができる。□□□ の要因の数値を計算しなさい。

第5問
(30点)

富山建設株式会社の第27期（決算日：20×5年3月31日）及び第28期（決算日：20×6年3月31日）の財務諸表並びにその関連データは〈別添資料〉のとおりであった。次の設問に解答しなさい。

問1　第28期について、次の諸比率（A～J）を算定しなさい。ただし、期中平均値を使用することが望ましい数値については、そのような処置をすること。また、F完成工事高増減率がプラスの場合は「A」、マイナスの場合「B」を解答用紙の所定の欄に記入しなさい。なお、解答に際しての端数処理については、解答用紙の指定のとおりとする。

A	完成工事高キャッシュ・フロー率	B	総資本事業利益率
C	立替工事高比率	D	棚卸資産滞留月数
E	負債比率	F	完成工事高増減率
G	営業キャッシュ・フロー対流動負債比率	H	固定比率
I	付加価値労働生産性	J	配当性向

問2　同社の財務諸表とその関連データを参照しながら、次に示す文の　　　　の中に入れるべき最も適当な用語・数値を下記の〈用語・数値群〉の中から選び、記号（ア～ラ）で解答しなさい。期中平均値を使用することが望ましい数値については、そのような処置をし、小数点第3位を四捨五入している。

　　企業の収益性に関する分析として代表的なものが資本利益率である。株主の立場から企業の収益性をとらえる資本利益率のことを、　1　率という。証券市場では、これを　2　と呼んで、トップマネジメント評価の重要な指標として活用している。この　1　率の計算での分子となる利益は、一般に　3　が用いられる。第28期における　1　率は、　4　％である。このほかにも、収益性を示す比率として　5　比率がある。　5　とは、利益も損失も発生しない完成工事高（売上高）を意味し、予算や実績の完成工事高との離れ具合を示す　6　分析などに展開される。建設業における　5　分析で用いる利益は、資金調達の重要性が加味されるため、　7　段階での分析ではなく　8　段階での分析が慣行となっている。第28期における　5　比率は　9　％であり、この　9　％に基づくと、　6　（分子に実績の完成工事高を用いる）は　10　％である。

〈用語・数値群〉

ア	限界利益	イ	自己資本当期純利益	ウ	営業利益
エ	完成工事総利益	オ	税引前当期純利益	カ	ROA
キ	総資本事業利益	ク	事業利益	コ	損益分岐点
サ	自己資本	シ	ROE	ス	総資本当期純利益
セ	経常利益	ソ	資本回収点	タ	税引後当期純利益
チ	安全余裕率	ト	6.30	ナ	6.63
ニ	9.60	ネ	13.18	ノ	48.10
ハ	48.60	フ	49.68	ヘ	49.70
ホ	201.21	ム	201.29	モ	205.76
ラ	207.90				

第5問 〈別添資料〉

富山建設株式会社の第27期及び第28期の財務諸表並びにその関連データ

貸 借 対 照 表

(単位：千円)

（資産の部）	第27期 20×5年3月31日現在	第28期 20×6年3月31日現在	（負債の部）	第27期 20×5年3月31日現在	第28期 20×6年3月31日現在
Ⅰ　流動資産			Ⅰ　流動負債		
現金預金	1,107,800	1,203,000	支払手形	570,000	426,000
受取手形	450,000	420,000	工事未払金	534,000	485,000
完成工事未収入金	605,000	768,000	短期借入金	219,000	201,000
有価証券	300,000	160,000	一年内償還の社債	3,600	3,600
未成工事支出金	53,000	78,000	未払金	23,000	38,400
材料貯蔵品	18,000	14,000	未払法人税等	48,000	24,400
短期貸付金	1,000	1,000	未成工事受入金	304,000	578,000
その他流動資産	150,000	183,000	完成工事補償引当金	27,000	21,900
貸倒引当金	△　1,600	△　1,700	工事損失引当金	3,600	6,800
			その他流動負債	131,000	98,000
［流動資産合計］	2,683,200	2,825,300	［流動負債合計］	1,863,200	1,883,100
Ⅱ　固定資産			Ⅱ　固定負債		
1．有形固定資産			社債	5,700	7,100
建物	204,200	206,000	長期借入金	84,000	90,600
構築物	6,800	6,900	退職給付引当金	125,000	136,000
機械装置	4,800	4,900	その他固定負債	500	500
車両運搬具	2,000	2,100	［固定負債合計］	215,200	234,200
工具器具備品	3,400	3,300	負債合計	2,078,400	2,117,300
土地	152,000	152,000	（純資産の部）		
建設仮勘定	12,000	12,800	Ⅰ　株主資本		
有形固定資産計	385,200	388,000	1．資本金	177,000	180,000
2．無形固定資産			2．資本剰余金		
ソフトウェア	4,800	4,800	資本準備金	156,000	200,000
その他無形固定資産	2,500	3,800	資本剰余金計	156,000	200,000
無形固定資産計	7,300	8,600	3．利益剰余金		
3．投資その他の資産			利益準備金	14,900	15,000
投資有価証券	218,000	224,000	その他利益剰余金	932,000	1,030,000
関係会社株式	16,500	16,500	利益剰余金計	946,900	1,045,000
長期貸付金	5,000	4,800	4．自己株式	△　3,800	△　2,700
破産更生債権等	300	400	［株主資本合計］	1,276,100	1,422,300
繰延税金資産	52,000	84,300	Ⅱ　評価・換算差額等		
その他投資	34,000	32,800	その他有価証券評価差額金	46,000	44,900
貸倒引当金	△　1,000	△　200	［評価・換算差額等計］	46,000	44,900
投資その他の資産計	324,800	362,600	純資産合計	1,322,100	1,467,200
［固定資産合計］	717,300	759,200	負債純資産合計	3,400,500	3,584,500
資産合計	3,400,500	3,584,500			

〔付記事項〕

1．流動資産中の貸倒引当金は、受取手形と完成工事未収入金に対して設定されたものである。

2．その他流動資産は営業活動に伴うものであるが、当座の支払能力を有するものではない。

3．投資その他の資産は、すべて営業活動には直接関係していない資産である。

4．引当金及び有利子負債に該当する項目は、貸借対照表に明記したもの以外にはない。

5．第28期において繰越利益剰余金を原資として実施した配当の額は39,000千円である。

損 益 計 算 書

（単位：千円）

		第27期 自 20×4年4月1日 至 20×5年3月31日		第28期 自 20×5年4月1日 至 20×6年3月31日	
Ⅰ	完成工事高		3,770,200		3,599,000
Ⅱ	完成工事原価		3,197,000		3,141,700
	完成工事総利益		573,200		457,300
Ⅲ	販売費及び一般管理費		216,400		221,000
	営業利益		356,800		236,300
Ⅳ	営業外収益				
	受取利息	1,300		1,310	
	受取配当金	3,000		3,820	
	その他営業外収益	1,200	5,500	2,950	8,080
Ⅴ	営業外費用				
	支払利息	5,010		4,810	
	社債利息	100		160	
	為替差損	2,880		4,150	
	その他営業外費用	6,180	14,170	6,530	15,650
	経常利益		348,130		228,730
Ⅵ	特別利益		23,800		480
Ⅶ	特別損失		85,300		95,270
	税引前当期純利益		286,630		133,940
	法人税、住民税及び事業税	97,700		71,500	
	法人税等調整額	5,080	102,780	△ 30,000	41,500
	当期純利益		183,850		92,440

〔付記事項〕

1．第28期における有形固定資産の減価償却費及び無形固定資産の償却費の合計額は18,000千円である。

2．その他営業外費用には、他人資本に付される利息は含まれていない。

キャッシュ・フロー計算書（要約）

（単位：千円）

		第27期 自 20×4年4月1日 至 20×5年3月31日	第28期 自 20×5年4月1日 至 20×6年3月31日
Ⅰ	営業活動によるキャッシュ・フロー	381,270	157,390
Ⅱ	投資活動によるキャッシュ・フロー	△ 22,600	△ 23,500
Ⅲ	財務活動によるキャッシュ・フロー	△ 39,600	△ 38,690
Ⅳ	現金及び現金同等物の増加・減少額	319,070	95,200
Ⅴ	現金及び現金同等物の期首残高	788,730	1,107,800
Ⅵ	現金及び現金同等物の期末残高	1,107,800	1,203,000

完成工事原価報告書

（単位：千円）

	第27期 自 20×4年4月1日 至 20×5年3月31日	第28期 自 20×5年4月1日 至 20×6年3月31日
Ⅰ　材料費	568,300	647,000
Ⅱ　労務費	44,300	43,200
（うち労務外注費）	（44,300）	（43,200）
Ⅲ　外注費	2,382,400	2,253,500
Ⅳ　経費	202,000	198,000
完成工事原価	3,197,000	3,141,700

各期末時点の総職員数

	第27期	第28期
総職員数	65人	69人

第1問
（20点）

　生産性分析に関する次の問に解答しなさい。各問ともに指定した字数以内で記入すること。

問1　労働生産性と資本生産性の相違について説明しなさい。（250字）
問2　付加価値の定義をした上で、付加価値額の計算方法における控除法と加算法について説明しなさい。（250字）

第2問
（15点）

　次の文の 　　　 の中に入る適当な用語を下記の〈用語群〉の中から選び、その記号（ア～ネ）を解答用紙の所定の欄に記入しなさい。

　企業の総合評価の手法には様々なものがあり、 1 化による方法、 2 化による方法、そして 3 を利用する方法などがある。
　 1 化による総合評価法には、さらに 4 法と指数法がある。 4 法とは、いくつかの適切な分析指標を選択し、各指標ごとに経営 4 表を作成し、この中に企業の 5 値を当てはめて評価しようとする方法である。指数法は 6 状態にある企業の指数を 7 として、分析対象の企業の指数が 7 を上回るか否かによりその経営状態を総合的に評価する方法である。この指数法の長所は、経営全体の評価が評点によって明確となり、 6 比率との関連で企業間比較が可能になることである。
　 2 化による総合評価法には、 8 法と 9 法がある。 8 法は、円形の中に、選択された分析指標を記入し、 10 値との乖離具合を凹凸状況によって視覚的に確認するものである。また、 9 法には、人間の表情を総合評価に利用した方法などがあり、髪の多少、眉のつり具合、顔の長さなどで総合的な状態を評価するものである。
　 3 を利用する方法にも複数の方法があるが、判別分析法で用いられる判別関数では、 11 の企業倒産予測のための判別式が有名である。

〈用語群〉
ア　実績	イ　象形	ウ　多変量解析	エ　アルトマン
オ　点数	カ　純資産額	キ　標準	ク　考課
コ　ウォール	サ　図形	シ　収益還元価値	ス　クモの巣
セ　ツリー分析	ソ　日本経済新聞社	タ　平均	チ　流動
ト　レーダー・チャート	ナ　1	ニ　10	ネ　100

42

第3問
(20点)

次の〈資料〉に基づいて（A）～（D）の金額を算定するとともに、必要運転資金月商倍率も算定し、解答用紙の所定の欄に記入しなさい。この会社の会計期間は1年である。なお、解答に際しての端数処理については、解答用紙の指定のとおりとする。

〈資料〉

1. 貸借対照表

貸 借 対 照 表

（単位：百万円）

（資産の部）		（負債の部）	
現 金 預 金	×××	支 払 手 形	4,700
受 取 手 形	3,700	工 事 未 払 金	×××
完成工事未収入金	×××	短 期 借 入 金	×××
未成工事支出金	（ A ）	未 払 法 人 税 等	1,600
材 料 貯 蔵 品	400	未成工事受入金	（ C ）
流動資産合計	×××	流動負債合計	60,000
建 物	×××	社 債	43,000
機 械 装 置	×××	長 期 借 入 金	×××
工 具 器 具 備 品	×××	固定負債合計	×××
車 両 運 搬 具	×××	負 債 合 計	×××
建 設 仮 勘 定	500	（純資産の部）	
土 地	×××	資 本 金	22,000
投 資 有 価 証 券	（ B ）	資 本 剰 余 金	18,000
長 期 貸 付 金	1,200	利 益 剰 余 金	（ D ）
固定資産合計	×××	純資産合計	×××
資産合計	180,000	負債純資産合計	180,000

2. 損益計算書（一部抜粋）

損 益 計 算 書

（単位：百万円）

完成工事高	×××
完成工事原価	×××
完成工事総利益	27,200
販売費及び一般管理費	×××
営業利益	×××
営業外収益	
受取利息配当金	600
その他	300
営業外費用	
支払利息	1,500
その他	100
経常利益	×××

43

3．関連データ（注1）

経営資本営業利益率	2.80％	流動比率（注2）	175.00％
完成工事高経常利益率	3.50％	借入金依存度	42.00％
固定長期適合比率	47.50％	損益分岐点比率	85.00％
支払勘定回転率	4.00回	完成工事未収入金滞留月数	2.75月
自己資本回転率	2.50回		

（注1）　算定にあたって期中平均値を使用することが望ましい比率についても、便宜上、期末残高の数値を用いて算定している。

（注2）　流動比率の算定は、建設業特有の勘定科目の金額を控除する方法によっている。

第4問
（15点）

次の〈資料〉に基づき、下記の設問に答えなさい。なお、固定費と変動費は、建設業における慣行的な区分とし、経常利益段階での損益分岐点分析を行っている。解答に際しての端数処理については、解答用紙の指定のとおりとする。

〈資料〉

1．第28期の損益計算書関係のデータ

完成工事原価	347,020千円
販売費及び一般管理費	236,400千円
営業外収益	24,000千円
営業外費用	88,600千円（うち支払利息54,900千円）

2．第28期の完成工事原価の内訳

材料費	29,800千円
労務費	83,500千円
（うち労務外注費	80,700千円）
外注費	196,300千円
経費	37,420千円

3．第28期の損益分岐点完成工事高　　606,875千円

問1　第28期の完成工事高を求めなさい。

問2　第28期の限界利益を求めなさい。

問3　分子に安全余裕の金額を用いて、第28期の安全余裕率を求めなさい。

問4　第29期の目標（経常）利益を47,100千円としたときの完成工事高を求めなさい。なお、変動費率と固定費は第28期と同じとする。

問5　第30期には、経営能力拡大のため12,780千円の固定費の増加が見込まれている。第30期の完成工事高経常利益率6.0％を達成するための完成工事高を求めなさい。なお、変動費率は第28期と同じとする。

第5問
（30点）

秋田建設株式会社の第27期（決算日：20×5年3月31日）及び第28期（決算日：20×6年3月31日）の財務諸表並びにその関連データは〈別添資料〉のとおりであった。次の設問に解答しなさい。

問1　第28期について、次の諸比率（A～J）を算定しなさい。期中平均値を使用することが望ましい数値については、そのような処置をすること。また、Fの営業利益増減率がプラスの場合は「A」、マイナスの場合は「B」を解答用紙の所定の欄に記入しなさい。なお、解答に際しての端数処理については、解答用紙の指定のとおりとする。

A　自己資本事業利益率　　B　完成工事高総利益率　　C　運転資本保有月数
D　現金預金手持月数　　　E　総資本回転率　　　　　F　営業利益増減率
G　負債回転期間　　　　　H　労働装備率　　　　　　I　付加価値率
J　配当率

問2　同社の財務諸表とその関連データを参照しながら、次に示す文の 　　　 の中に入れるべき最も適当な用語・数値を下記の〈用語・数値群〉の中から選び、記号（ア～モ）で解答しなさい。期中平均値を使用することが望ましい数値については、そのような処置をし、小数点第3位を四捨五入している。

　企業の安全性に関する分析は、短期的な支払能力などを分析する 　1　 分析、資本の調達と運用における財務のバランスを分析する 　2　 分析、資金のフローを分析する資金変動性分析に分けられる。　1　 分析の中で、すでに完成し引渡した工事も含めた工事関連の資金立替状況を分析するものが、　3　 比率である。第28期における 　3　 比率は、　4　 ％である。一般的に、この数値は 　5　 方が望ましい。また、決算日現在における 　1　 を測定しようとする比率がある一方、流動負債に対して営業活動の1年間の現金及び現金同等物創出能力がどの程度であるかを測定する 　6　 比率もある。第28期における 　6　 比率は、　7　 ％である。　2　 分析の中で資本構造分析に該当する比率は、　5　 方が望ましいものが多いが、その逆が望ましい比率として営業キャッシュ・フロー対負債比率、　8　 比率、　9　 がある。第28期における 　9　 は 　10　 倍である。

〈用語・数値群〉

ア　健全性　　　　イ　高い　　　　　ウ　流動資産　　　エ　未成工事収支
オ　金利負担能力　カ　立替工事高　　キ　活動性　　　　ク　固定負債
コ　流動性　　　　サ　負債　　　　　シ　低い　　　　　ス　営業キャッシュ・フロー対流動負債
セ　生産性　　　　ソ　自己資本　　　タ　当座　　　　　チ　有利子負債月商倍率
ト　固定　　　　　ナ　9.00　　　　　ニ　9.35　　　　　ネ　9.73
ノ　25.94　　　　ハ　25.96　　　　　フ　32.24　　　　　ヘ　39.56
ホ　83.88　　　　ム　145.25　　　　モ　7,268.00

45

第5問〈別添資料〉

秋田建設株式会社の第27期及び第28期の財務諸表並びにその関連データ

貸 借 対 照 表

（単位：千円）

（資産の部）	第27期 20×5年3月31日現在	第28期 20×6年3月31日現在	（負債の部）	第27期 20×5年3月31日現在	第28期 20×6年3月31日現在
I 流動資産			I 流動負債		
現金預金	883,000	940,600	支払手形	314,900	267,300
受取手形	32,500	6,300	工事未払金	488,100	416,400
完成工事未収入金	984,000	921,400	短期借入金	38,200	28,200
有価証券	12,500	14,800	一年内償還の社債	10,000	10,000
未成工事支出金	3,100	2,500	未払金	16,800	10,200
材料貯蔵品	6,900	8,800	未払法人税等	18,400	—
短期貸付金	1,200	1,200	未成工事受入金	63,300	181,700
その他流動資産	47,300	46,700	完成工事補償引当金	3,300	3,400
貸倒引当金	△ 1,300	△ 1,200	工事損失引当金	21,200	12,300
［流動資産合計］	1,969,200	1,941,100	その他流動負債	115,000	78,000
II 固定資産			［流動負債合計］	1,089,200	1,007,500
1．有形固定資産			II 固定負債		
建物	156,000	149,000	社債	55,000	75,000
構築物	53,500	56,000	長期借入金	5,200	2,000
機械装置	16,400	16,700	退職給付引当金	9,800	9,600
車両運搬具	7,900	8,000	その他固定負債	51,000	52,000
工具器具・備品	27,200	31,700	［固定負債合計］	121,000	138,600
土地	144,400	144,400	負債合計	1,210,200	1,146,100
建設仮勘定	23,000	23,000	（純資産の部）		
有形固定資産合計	428,400	428,800	I 株主資本		
2．無形固定資産			1．資本金	188,600	188,600
ソフトウェア	400	500	2．資本剰余金		
その他無形固定資産	4,000	3,700	資本準備金	204,800	204,800
無形固定資産合計	4,400	4,200	資本剰余金合計	204,800	204,800
3．投資その他の資産			3．利益剰余金		
投資有価証券	36,900	37,800	利益準備金	24,000	24,000
関係会社株式	1,200	1,200	その他利益剰余金	772,000	798,000
長期貸付金	12,300	12,400	利益剰余金合計	796,000	822,000
破産更生債権等	40,400	40,400	4．自己株式	△ 500	△ 500
繰延税金資産	42,300	31,000	［株主資本合計］	1,188,900	1,214,900
その他投資	800	900	II 評価・換算差額等		
貸倒引当金	△ 40,400	△ 40,400	その他有価証券評価差額金	96,400	96,400
投資その他の資産合計	93,500	83,300	［評価・換算差額等合計］	96,400	96,400
［固定資産合計］	526,300	516,300	純資産合計	1,285,300	1,311,300
資産合計	2,495,500	2,457,400	負債純資産合計	2,495,500	2,457,400

〔付記事項〕

1．流動資産中の貸倒引当金は、受取手形と完成工事未収入金に対して設定されたものである。

2．その他流動資産は営業活動に伴うものであるが、当座の支払能力を有するものではない。

3．投資その他の資産は、すべて営業活動には直接関係していない資産である。

4．引当金及び有利子負債に該当する項目は、貸借対照表に明記したもの以外にはない。

5．第28期において繰越利益剰余金を原資として実施した配当の額は9,300千円である。

損　益　計　算　書

（単位：千円）

		第27期 自 20×4年 4 月 1 日 至 20×5年 3 月31日		第28期 自 20×5年 4 月 1 日 至 20×6年 3 月31日	
I	完成工事高		3,022,400		2,882,800
II	完成工事原価		2,741,800		2,677,000
	完成工事総利益		280,600		205,800
III	販売費及び一般管理費		135,500		138,700
	営業利益		145,100		67,100
IV	営業外収益				
	受取利息	100		100	
	受取配当金	50		50	
	その他営業外収益	2,850	3,000	2,450	2,600
V	営業外費用				
	支払利息	1,000		800	
	社債利息	400		900	
	為替差損	100		150	
	その他営業外費用	300	1,800	300	2,150
	経常利益		146,300		67,550
VI	特別利益		450		300
VII	特別損失		250		100
	税引前当期純利益		146,500		67,750
	法人税、住民税及び事業税	23,800		10,400	
	法人税等調整額	15,700	39,500	11,300	21,700
	当期純利益		107,000		46,050

〔付記事項〕

1．第28期における有形固定資産の減価償却費及び無形固定資産の償却費の合計額は17,000千円である。

2．その他営業外費用には、他人資本に付される利息は含まれていない。

キャッシュ・フロー計算書（要約）

（単位：千円）

		第27期 自 20×4年 4 月 1 日 至 20×5年 3 月31日		第28期 自 20×5年 4 月 1 日 至 20×6年 3 月31日	
I	営業活動によるキャッシュ・フロー		249,700		98,000
II	投資活動によるキャッシュ・フロー	△	16,500	△	9,600
III	財務活動によるキャッシュ・フロー	△	24,800	△	30,800
IV	現金及び現金同等物の増加・減少額		208,400		57,600
V	現金及び現金同等物の期首残高		674,600		883,000
VI	現金及び現金同等物の期末残高		883,000		940,600

完成工事原価報告書

（単位：千円）

	第27期 自 20×4年4月1日 至 20×5年3月31日	第28期 自 20×5年4月1日 至 20×6年3月31日
Ⅰ　材料費	329,000	323,000
Ⅱ　労務費	90,800	87,000
（うち労務外注費）	（90,800）	（87,000）
Ⅲ　外注費	1,929,000	1,930,800
Ⅳ　経費	393,000	336,200
完成工事原価	2,741,800	2,677,000

各期末時点の総職員数

	第27期	第28期
総職員数	45人	43人

第1問 (20点) 財務分析の基本的手法に関する次の問に解答しなさい。各問ともに指定した字数以内で記入すること。

問1　クロス・セクション分析について説明しなさい。（200字）
問2　比率分析の内容について説明しなさい。（300字）

第2問 (15点) 次の文中の ☐ に入る適当な用語を下記の〈用語群〉から選び、その記号（ア～ノ）を解答用紙の所定の欄に記入しなさい。

　　 1 　性に関する分析には、関係比率分析・資金保有月数分析・ 2 　分析がある。建設業の財務分析では、建設業独特の勘定科目に対して特別な配慮を必要とする。関係比率分析において、工事に関係する固有の 1 　性については、 3 　比率が有効である。この比率は、現在施工中の工事に関する立替状況を分析するものであり、100％ 4 　であれば、請負工事に対する支払能力は十分という解釈が成立する。また、すでに完成・引き渡した工事をも含めた工事関連の状況を分析するのが 5 　比率である。この比率の分母と分子の両方に含まれる項目が 6 　であり、一般にはこの比率は 7 　ほうが良好である。

　　資金保有月数の数値は 8 　ほど支払能力があり、財務健全性は良好ということになる。これに対し、 2 　の数値は、 8 　ほど資金繰りを圧迫する要因と考えられている。両種類の分析とも計算においては、分母に 9 　を用いる。ただし、 10 　の 2 　に関しては、厳密にいえば分母には 9 　よりも 11 　を用いるべきである。

〈用語群〉

ア　未成工事支出金	イ　活動	ウ　未満	エ　立替工事高
オ　受取勘定	カ　未成工事収支	キ　自己資本	ク　健全
コ　以上	サ　完成工事高	シ　未成工事受入金	ス　小さい
セ　資産滞留月数	ソ　大きい	タ　当座	チ　棚卸資産
ト　流動	ナ　運転資本	ニ　完成工事未収入金	ネ　流動負債
ノ　完成工事原価			

第3問
（20点）

次の〈資料〉に基づいて（ A ）～（ D ）の金額を算定するとともに、損益分岐点比率も算定し、解答用紙の所定の欄に記入しなさい。この会社の会計期間は1年である。なお、解答に際しての端数処理については、解答用紙の指定のとおりとする。

〈資料〉
1．貸借対照表

貸 借 対 照 表

（単位：百万円）

（資産の部）		（負債の部）	
現 金 預 金	35,520	支 払 手 形	8,580
受 取 手 形	14,600	工 事 未 払 金	×××
完成工事未収入金	×××	短 期 借 入 金	×××
未成工事支出金	（ A ）	未 払 法 人 税 等	3,200
材 料 貯 蔵 品	580	未 成 工 事 受 入 金	36,000
流動資産合計	×××	流動負債合計	110,000
		社 債	×××
建 物	30,460	長 期 借 入 金	46,000
機 械 装 置	10,400	固定負債合計	×××
工 具 器 具 備 品	5,600	負債合計	×××
車 両 運 搬 具	3,200	（純資産の部）	
建 設 仮 勘 定	（ B ）	資 本 金	90,000
土 地	58,000	資 本 剰 余 金	×××
投 資 有 価 証 券	34,000	利 益 剰 余 金	×××
固定資産合計	×××	純資産合計	×××
資産合計	×××	負債純資産合計	×××

2．損益計算書（一部抜粋）

損 益 計 算 書

（単位：百万円）

完成工事高	×××
完成工事原価	（ C ）
完成工事総利益	×××
販売費及び一般管理費	55,600
営業利益	×××
営業外収益	
受取利息配当金	560
その他	（ D ）
営業外費用	
支払利息	1,200
その他	1,100
経常利益	×××

3．関連データ（注1）

総資本経常利益率	4.80%	支払勘定回転率	4.50回
現金預金手持月数	1.48月	当座比率（注2）	135.00%
負債回転期間	7.50月	借入金依存度	25.60%
金利負担能力	13.80倍	固定長期適合比率（注3）	75.00%

（注1） 算定にあたって期中平均値を使用することが望ましい比率についても、便宜上、期末残高の数値を用いて算定している。

（注2） 当座比率の算定は、建設業特有の勘定科目の金額を控除する方法によっている。

（注3） 固定長期適合比率の算定は、一般的な方法によっている。

第4問
（15点）

次の〈資料〉に基づき、下記の設問に答えなさい。なお、解答に際しての端数処理については、解答用紙の指定のとおりとする。

〈資料〉

1．完成工事原価の内訳

材料費	？千円
労務費	122,000千円
（うち労務外注費	118,000千円）
外注費	97,000千円
経費	116,000千円
（うち人件費	55,000千円）

2．資産の内訳（期中平均）

流動資産	342,000千円
有形固定資産	267,000千円
（うち建設仮勘定	7,000千円）
無形固定資産	4,500千円
投資その他の資産	？千円

3．従業員数

前年度	技術系職員	43人	今年度	技術系職員	？人
	事務系職員	20人		事務系職員	23人

4．その他

有形固定資産回転率	5.5回	付加価値率	38.0%
労働生産性	8,360千円	資本集約度	10,400千円

問1 完成工事高の金額を計算しなさい。

問2 材料費の金額を計算しなさい。

問3 完成工事高総利益率を計算しなさい。

問4 今年度の技術系職員の人数を計算しなさい。

問5 投資その他の資産の金額を計算しなさい。

第5問
（30点）
新潟建設株式会社の第28期（決算日：20×5年3月31日）及び第29期（決算日：20×6年3月31日）の財務諸表並びにその関連データは〈別添資料〉のとおりであった。次の設問に解答しなさい。

問1　第29期について、次の諸比率（A〜J）を算定しなさい。期中平均値を使用することが望ましい数値については、そのような処置をすること。ただし、Bの流動比率は、建設業特有の勘定科目の金額を控除する方法により算定すること。また、Fの営業利益増減率がプラスの場合は「A」、マイナスの場合は「B」を解答用紙の所定の欄に記入しなさい。なお、解答に際しての端数処理については、解答用紙の指定のとおりとする。

A　完成工事高キャッシュ・フロー率　　B　流動比率　　　　　　C　有利子負債月商倍率
D　配当性向　　　　　　　　　　　　E　固定資産回転率　　　　F　営業利益増減率
G　労働装備率　　　　　　　　　　　H　必要運転資金月商倍率　I　負債比率
J　付加価値対固定資産比率

問2　同社の財務諸表とその関連データを参照しながら、次に示す文中の　　　に入れるべき最も適当な用語・数値を下記の〈用語・数値群〉から選び、記号（ア〜ヨ）で解答しなさい。期中平均値を使用することが望ましい数値については、そのような処置をし、小数点第3位を四捨五入している。

　資本利益率は、構成要素として様々なものがある。分母において、本来の経営活動に使用されている資本を　1　といい、ここには本来の営業活動に投下されていない建設仮勘定、　2　などの固定資産は除外される。なお、この資本と比較されるべき分子としては　3　が用いられるべきである。これから求められる利益率は収益性分析の中心といえる指標であり、第29期においては　4　％である。また、経営事項審査の経営状況で用いられている資本利益率は、　5　に対する　6　の比率であり、第29期においてこの比率は　7　％である。なお、資本利益率は売上高利益率と　8　分析である資本回転率の2つに分解することができる。資本利益率　4　％の数値は、売上高利益率　9　％と資本回転率　10　回の積で求められる。

〈用語・数値群〉

ア　完成工事総利益　　イ　自己資本　　　ウ　生産性　　　　　エ　備品
オ　安全性　　　　　　カ　経常利益　　　キ　事業利益　　　　ク　材料貯蔵品
コ　株主資本　　　　　サ　子会社株式　　シ　税引前当期純利益　ス　総資本
セ　税引後当期純利益　ソ　活動性　　　　タ　経営資本　　　　チ　営業利益
ト　1.52　　　　　　　ナ　1.59　　　　　ニ　1.65　　　　　　ネ　3.77
ノ　5.35　　　　　　　ハ　5.78　　　　　フ　8.14　　　　　　ヘ　8.54
ホ　8.86　　　　　　　ム　9.18　　　　　モ　9.54　　　　　　ヤ　13.19
ヨ　13.72

第5問〈別添資料〉

新潟建設株式会社の第28期及び第29期の財務諸表並びにその関連データ

貸 借 対 照 表

（単位：千円）

（資産の部）	第28期 20×5年3月31日現在	第29期 20×6年3月31日現在	（負債の部）	第28期 20×5年3月31日現在	第29期 20×6年3月31日現在
Ⅰ 流動資産			Ⅰ 流動負債		
現金預金	362,400	436,200	支払手形	125,000	116,000
受取手形	223,000	243,000	工事未払金	1,234,000	1,346,000
完成工事未収入金	1,705,000	2,015,000	短期借入金	286,000	246,700
有価証券	600	750	一年内償還の社債	—	100,000
未成工事支出金	137,200	129,400	未払金	49,600	46,200
材料貯蔵品	38,500	28,900	未払法人税等	48,900	73,500
短期貸付金	800	900	未成工事受入金	226,100	209,300
その他流動資産	132,000	17,900	完成工事補償引当金	13,300	20,200
貸倒引当金	△ 7,100	△ 7,000	工事損失引当金	16,200	19,300
［流動資産合計］	2,592,400	2,865,050	その他流動負債	95,300	142,700
Ⅱ 固定資産			［流動負債合計］	2,094,400	2,319,900
1．有形固定資産			Ⅱ 固定負債		
建物	295,000	298,000	社債	200,000	100,000
構築物	86,000	84,300	長期借入金	109,600	148,600
機械装置	15,500	15,800	退職給付引当金	6,400	12,500
車両運搬具	4,800	5,000	その他固定負債	45,300	52,300
工具器具備品	1,400	1,200	［固定負債合計］	361,300	313,400
土地	337,100	336,400	負債合計	2,455,700	2,633,300
建設仮勘定	12,000	38,700	（純資産の部）		
有形固定資産合計	751,800	779,400	Ⅰ 株主資本		
2．無形固定資産			1．資本金	304,500	304,500
ソフトウェア	800	900	2．資本剰余金		
その他無形固定資産	4,800	6,700	資本準備金	183,900	183,900
無形固定資産合計	5,600	7,600	資本剰余金合計	183,900	183,900
3．投資その他の資産			3．利益剰余金		
投資有価証券	200,200	171,500	利益準備金	14,000	14,000
関係会社株式	1,500	1,500	その他利益剰余金	628,400	775,350
長期貸付金	14,800	13,600	利益剰余金合計	642,400	789,350
破産更生債権等	7,900	7,400	4．自己株式	△ 3,800	△ 3,700
繰延税金資産	29,100	61,500	［株主資本合計］	1,127,000	1,274,050
その他投資資産	61,100	57,100	Ⅱ 評価・換算差額等		
貸倒引当金	△ 33,000	△ 30,600	その他有価証券評価差額金	48,700	26,700
投資その他の資産合計	281,600	282,000	［評価・換算差額等合計］	48,700	26,700
［固定資産合計］	1,039,000	1,069,000	純資産合計	1,175,700	1,300,750
資産合計	3,631,400	3,934,050	負債純資産合計	3,631,400	3,934,050

〔付記事項〕

1．流動資産中の貸倒引当金は、受取手形と完成工事未収入金に対して設定されたものである。

2．その他流動資産は営業活動に伴うものであるが、当座の支払能力を有するものではない。

3．投資その他の資産は、すべて営業活動には直接関係していない資産である。

4．引当金及び有利子負債に該当する項目は、貸借対照表に明記したもの以外にはない。

5．第29期において繰越利益剰余金を原資として実施した配当の額は62,000千円である。

損 益 計 算 書

（単位：千円）

		第28期 自 20×4年4月1日 至 20×5年3月31日		第29期 自 20×5年4月1日 至 20×6年3月31日	
I	完成工事高		5,419,500		5,738,400
II	完成工事原価		4,952,000		5,219,400
	完成工事総利益		467,500		519,000
III	販売費及び一般管理費		175,200		187,300
	営業利益		292,300		331,700
IV	営業外収益				
	受取利息	1,640		1,610	
	受取配当金	4,970		3,800	
	その他営業外収益	5,230	11,840	5,790	11,200
V	営業外費用				
	支払利息	8,450		9,240	
	社債利息	6,000		6,000	
	為替差損	6,950		7,370	
	その他営業外費用	16,800	38,200	12,300	34,910
	経常利益		265,940		307,990
VI	特別利益		920		2,840
VII	特別損失		1,010		3,740
	税引前当期純利益		265,850		307,090
	法人税、住民税及び事業税	81,100		109,200	
	法人税等調整額	△ 4,500	76,600	△ 18,200	91,000
	当期純利益		189,250		216,090

〔付記事項〕

1．第29期における有形固定資産の減価償却費及び無形固定資産の償却費の合計額は23,000千円である。

2．その他営業外費用には、他人資本に付される利息は含まれていない。

キャッシュ・フロー計算書（要約）

（単位：千円）

		第28期 自 20×4年4月1日 至 20×5年3月31日	第29期 自 20×5年4月1日 至 20×6年3月31日
I	営業活動によるキャッシュ・フロー	65,600	45,400
II	投資活動によるキャッシュ・フロー	△ 112,300	△ 90,800
III	財務活動によるキャッシュ・フロー	△ 124,600	119,200
IV	現金及び現金同等物の増加・減少額	△ 171,300	73,800
V	現金及び現金同等物の期首残高	533,700	362,400
VI	現金及び現金同等物の期末残高	362,400	436,200

完成工事原価報告書

（単位：千円）

		第28期 自 20×4年 4 月 1 日 至 20×5年 3 月31日	第29期 自 20×5年 4 月 1 日 至 20×6年 3 月31日
Ⅰ	材料費	891,400	939,500
Ⅱ	労務費	56,200	62,600
	（うち労務外注費）	（56,200）	（62,600）
Ⅲ	外注費	2,971,200	3,236,000
Ⅳ	経費	1,033,200	981,300
	完成工事原価	4,952,000	5,219,400

各期末時点の総職員数

	第28期	第29期
総職員数	34人	36人

第1問
（20点）

外部分析に関する次の問に解答しなさい。各問ともに指定した字数以内で記入すること。

問1　外部分析の目的を各利害関係者の観点から説明しなさい。（250字）
問2　外部分析の限界について説明しなさい。（250字）

第2問
（15点）

次の文中の ____ に入る最も適当な用語を下記の〈用語群〉から選び、その記号（ア〜ノ）を解答用紙の所定の欄に記入しなさい。

建設業の特性は、単品産業であり移動産業であることから、他の産業と比べて貸借対照表上の ⌊1⌋ の構成比が相対的に低く、逆に ⌊2⌋ の構成比が高い。そのため、生産性分析上の ⌊3⌋ は低く、 ⌊4⌋ は高くなる傾向がある。

損益計算書に関していえば、一般の総合建設会社は、工事を請け負うと工事ごとに数多くの専門の工事業者である下請業者に発注するため、 ⌊5⌋ の割合が高く、 ⌊6⌋ 率が高い。また、 ⌊1⌋ と関連した ⌊7⌋ が比較的少ない。通常、 ⌊7⌋ は ⌊6⌋ の ⌊8⌋ に組み入れられるが、 ⌊9⌋ の ⌊7⌋ も製造業に対比して大幅に低いといえる。

〈用語群〉

ア　労働装備率	イ　未成工事受入金	ウ　固定資産
エ　外注費	オ　完成工事高総利益	カ　流動資産
キ　営業外費用	ク　未成工事支出金	コ　材料費
サ　減価償却費	シ　設備投資効率	ス　経費
セ　付加価値率	ソ　労務費	タ　固定長期適合比率
チ　未成工事収支比率	ト　完成工事原価	ナ　支払利息
ニ　完成工事未収入金	ネ　立替工事高比率	ノ　販売費及び一般管理費

第3問
(20点)

次の〈資料〉に基づいて（ A ）〜（ D ）の金額を算定するとともに、自己資本経常利益率も算定し、解答用紙の所定の欄に記入しなさい。この会社の会計期間は1年である。なお、解答に際しての端数処理については、解答用紙の指定のとおりとする。

〈資料〉
1．貸借対照表

貸 借 対 照 表
（単位：百万円）

（資産の部）		（負債の部）	
現 金 預 金	（ A ）	支 払 手 形	×××
受 取 手 形	×××	工 事 未 払 金	×××
完成工事未収入金	196,000	短 期 借 入 金	35,200
未成工事支出金	×××	未 払 法 人 税 等	47,600
材 料 貯 蔵 品	1,000	未成工事受入金	68,000
流動資産合計	×××	流動負債合計	388,000
建 物	104,000	長 期 借 入 金	×××
機 械 装 置	36,400	固定負債合計	×××
工 具 器 具 備 品	12,800	負 債 合 計	×××
車 両 運 搬 具	32,000	（純資産の部）	
建 設 仮 勘 定	18,000	資 本 金	156,000
土 地	×××	資 本 剰 余 金	（ C ）
投 資 有 価 証 券	（ B ）	利 益 剰 余 金	60,000
固定資産合計	×××	純資産合計	×××
資 産 合 計	×××	負債純資産合計	×××

2．損益計算書（一部抜粋）

損 益 計 算 書
（単位：百万円）

完成工事高	840,000
完成工事原価	×××
完成工事総利益	×××
販売費及び一般管理費	41,900
営業利益	×××
営業外収益	
受取利息配当金	（ D ）
その他	1,400
営業外費用	
支払利息	2,700
その他	610
経常利益	×××

59

3．関連データ（注1）

経営資本営業利益率	4.50%	流動比率（注2）	120.00%
棚卸資産滞留月数	1.25月	受取勘定滞留月数	4.20月
金利負担能力	12.30倍	借入金依存度	16.90%
経営資本回転率	1.20回	総資本回転率	1.05回

（注1）　算定にあたって期中平均値を使用することが望ましい比率についても、便宜上、期末残高の数値を用いて算定している。

（注2）　流動比率の算定は、建設業特有の勘定科目の金額を控除する方法によっている。

第4問
（15点）

次の〈資料〉に基づき、下記の問に答えなさい。なお、解答に際しての端数処理については、解答用紙の指定のとおりとする。

〈資料〉
第5期

1．損益分岐点の完成工事高　　　　￥58,497,000
2．変動費　　　　　　　　　　　￥43,003,200
3．完成工事高総利益率　　　　　15.0%
4．安全余裕率　　　　　　　　　7.5%（分子は安全余裕の金額を用いている）
5．変動的資本　　　　　　　　　総資本の75.0%
6．総資本回転率　　　　　　　　1.2回（総資本は期中平均ではなく期末資本を用いている）

問1　第5期の完成工事高を求めなさい。
問2　第5期の資本回収点の完成工事高を求めなさい。
問3　第5期の固定費を求めなさい。
問4　損益分岐点比率の数値が、建設業における慣行的な区分による固定費と変動費に分ける方法によって求めた損益分岐点比率と同じであり、営業外損益は支払利息￥214,000のみであると仮定したとき、第5期の完成工事高営業利益率を求めなさい。
問5　第6期の目標利益を￥1,500,000としたときの完成工事高を求めなさい。なお、変動費率は第5期と同じであり、固定費は第5期と比べて￥1,000,000の増加が見込まれているとする。

第5問
(30点) 東海建設株式会社の第29期（決算日：20×5年3月31日）及び第30期（決算日：20×6年3月31日）の財務諸表並びにその関連データは〈別添資料〉のとおりであった。次の設問に解答しなさい。

問1 第30期について、次の諸比率（A〜J）を算定しなさい。期中平均値を使用することが望ましい数値については、そのような処置をすること。ただし、Dの当座比率は、建設業特有の勘定科目の金額を控除する方法により算定すること。また、Hの完成工事高増減率がプラスの場合は「A」、マイナスの場合は「B」を解答用紙の所定の欄に記入しなさい。なお、解答に際しての端数処理については、解答用紙の指定のとおりとする。

A 自己資本事業利益率　　B 立替工事高比率　　C 運転資本保有月数
D 当座比率　　　　　　E 負債回転期間　　　F 支払勘定回転率
G 付加価値率　　　　　H 完成工事高増減率　I 資本集約度
J 配当率

問2 同社の財務諸表とその関連データを参照しながら、次に示す文中の [　　] に入れるべき最も適当な用語・数値を下記の〈用語・数値群〉から選び、その記号（ア〜モ）で解答しなさい。期中平均値を使用することが望ましい数値については、そのような処置をし、小数点第3位を四捨五入している。

　安全性分析の一つである健全性分析は、さらに、自己資本と他人資本とのバランスなどを見る [1] 分析、有形固定資産と長期的な調達資本とのバランスなどを見る [2] 分析、そして利益分配性向分析の三つに分けられる。[1] 分析において、指標の数値が高いほど財務の健全性に懸念が生じるのが、[3] と [4] である。この両指標の数値を比較するとより低い数値となるのが [3] であり、第30期における同比率は、[5] ％となっている。また、自己資本比率と同様に数値が高いほど望ましく、債務の返済にあたって企業が営業活動から内部的に創出した資金で返済を行うことができるかを見る指標が [6] である。[2] 分析において、一般に固定資産への投資は自己資本の範囲内で実施することが理想とされており、これを判断するための指標が [7] である。建設業において大企業のこの数値は、中小企業の数値と比べると [8] のが一般的である。また、流動比率と表裏の関係にあるのが [9] である。第30期における同比率は、[10] ％となっている。

〈用語・数値群〉
ア 流動負債比率　　イ 固定負債比率　　ウ 大きい　　　エ 流動性
オ 固定資産回転率　カ 資本構造　　　　キ 活動性　　　ク 負債比率
コ 投資構造　　　　サ 固定比率　　　　シ 固定長期適合比率　ス 変わらない
セ 負債回転期間　　ソ 有利子負債　　　タ 小さい　　　チ 付加価値対固定資産比率
ト 営業キャッシュ・フロー対負債比率　ナ 完成工事高キャッシュ・フロー率
ニ 28.89　　　　　ネ 57.41　　　　　ノ 63.23　　　　ハ 65.98
フ 66.23　　　　　ヘ 68.40　　　　　ホ 95.31　　　　ム 223.56
モ 231.73

第5問〈別添資料〉

東海建設株式会社の第29期及び第30期の財務諸表並びにその関連データ

貸 借 対 照 表

（単位：千円）

（資産の部）	第29期 20×5年3月31日現在	第30期 20×6年3月31日現在	（負債の部）	第29期 20×5年3月31日現在	第30期 20×6年3月31日現在
Ⅰ　流動資産			Ⅰ　流動負債		
現金預金	203,900	426,300	支払手形	115,200	65,600
受取手形	12,900	13,100	工事未払金	767,900	646,900
完成工事未収入金	1,768,300	1,531,800	電子記録債務	325,700	297,800
有価証券	450	480	短期借入金	115,000	86,700
未成工事支出金	229,100	216,700	未払金	79,600	80,900
材料貯蔵品	25,400	28,900	未払法人税等	35,600	14,600
短期貸付金	1,000	1,200	未成工事受入金	211,800	256,100
その他流動資産	192,300	221,400	完成工事補償引当金	9,200	7,500
貸倒引当金	△　　200	△　　100	工事損失引当金	3,300	9,900
［流動資産合計］	2,433,150	2,439,780	その他流動負債	110,900	218,300
Ⅱ　固定資産			［流動負債合計］	1,774,200	1,684,300
1．有形固定資産			Ⅱ　固定負債		
建物	122,700	123,400	社債	—	50,000
構築物	74,700	69,800	長期借入金	283,300	495,200
機械装置	43,880	48,700	退職給付引当金	134,100	131,000
車両運搬具	64,500	75,400	その他固定負債	41,800	29,100
工具器具備品	37,200	46,500	［固定負債合計］	459,200	705,300
土地	143,400	143,400	負債合計	2,233,400	2,389,600
建設仮勘定	1,700	5,400	（純資産の部）		
有形固定資産合計	488,080	512,600	Ⅰ　株主資本		
2．無形固定資産			1．資本金	120,000	120,000
ソフトウェア	5,000	5,800	2．資本剰余金		
その他無形資産	21,200	27,900	資本準備金	3,800	3,400
無形固定資産合計	26,200	33,700	資本剰余金合計	3,800	3,400
3．投資その他の資産			3．利益剰余金		
投資有価証券	148,400	196,400	利益準備金	12,700	16,500
関係会社株式	60,700	79,200	その他利益剰余金	910,900	960,000
長期貸付金	7,200	112,000	利益剰余金合計	923,600	976,500
長期前払費用	570	540	4．自己株式	△　31,200	△　35,100
繰延税金資産	39,800	28,200	［株主資本合計］	1,016,200	1,064,800
その他投資資産	70,400	88,980	Ⅱ　評価・換算差額等		
貸倒引当金	△　47,600	△　32,900	その他有価証券評価差額金	△　22,700	4,100
投資その他の資産合計	279,470	472,420	［評価・換算差額等合計］	△　22,700	4,100
［固定資産合計］	793,750	1,018,720	純資産合計	993,500	1,068,900
資産合計	3,226,900	3,458,500	負債純資産合計	3,226,900	3,458,500

〔付記事項〕

1．流動資産中の貸倒引当金は、受取手形と完成工事未収入金に対して設定されたものである。
2．その他流動資産は営業活動に伴うものであるが、当座の支払能力を有するものではない。
3．投資その他の資産は、すべて営業活動には直接関係していない資産である。
4．引当金及び有利子負債に該当する項目は、貸借対照表に明記したもの以外にはない。
5．第30期において繰越利益剰余金を原資として実施した配当の額は37,900千円である。

損 益 計 算 書

（単位：千円）

		第29期 自 20×4年 4 月 1 日 至 20×5年 3 月31日		第30期 自 20×5年 4 月 1 日 至 20×6年 3 月31日	
I	完成工事高		4,724,100		4,216,200
II	完成工事原価		4,247,300		3,826,900
	完成工事総利益		476,800		389,300
III	販売費及び一般管理費		229,100		233,500
	営業利益		247,700		155,800
IV	営業外収益				
	受取利息	7,730		4,140	
	受取配当金	2,830		3,760	
	その他営業外収益	2,520	13,080	4,880	12,780
V	営業外費用				
	支払利息	7,540		10,820	
	社債利息	—		1,000	
	為替差損	5,350		8,940	
	その他営業外費用	8,910	21,800	17,200	37,960
	経常利益		238,980		130,620
VI	特別利益		160		9,010
VII	特別損失		1,510		4,640
	税引前当期純利益		237,630		134,990
	法人税、住民税及び事業税	72,550		37,570	
	法人税等調整額	2,690	75,240	2,190	39,760
	当期純利益		162,390		95,230

〔付記事項〕

1．第30期における有形固定資産の減価償却費及び無形固定資産の償却費の合計額は31,400千円である。

2．その他営業外費用には、他人資本に付される利息は含まれていない。

キャッシュ・フロー計算書（要約）

（単位：千円）

		第29期 自 20×4年 4 月 1 日 至 20×5年 3 月31日	第30期 自 20×5年 4 月 1 日 至 20×6年 3 月31日
I	営業活動によるキャッシュ・フロー	△ 180,100	167,230
II	投資活動によるキャッシュ・フロー	△ 34,160	△ 26,820
III	財務活動によるキャッシュ・フロー	8,370	81,990
IV	現金及び現金同等物の増加・減少額	△ 205,890	222,400
V	現金及び現金同等物の期首残高	409,790	203,900
VI	現金及び現金同等物の期末残高	203,900	426,300

完成工事原価報告書

（単位：千円）

		第29期 自 20×4年4月1日 至 20×5年3月31日	第30期 自 20×5年4月1日 至 20×6年3月31日
Ⅰ	材料費	849,460	727,100
Ⅱ	労務費	46,000	39,000
	（うち労務外注費）	（46,000）	（39,000）
Ⅲ	外注費	2,760,800	2,372,600
Ⅳ	経費	591,040	688,200
	完成工事原価	4,247,300	3,826,900

各期末時点の総職員数

	第29期	第30期
総職員数	42人	40人

第1問
（20点）
対完成工事高比率の分析に関する次の問に解答しなさい。各問ともに指定した字数以内で記入すること。

問1　完成工事高利益率と完成工事高対費用比率の関係について説明しなさい。（300字）
問2　純支払利息比率について説明しなさい。（200字）

第2問
（15点）
財務分析に関する以下の各記述（1～5）のうち、正しいものには「T」、誤っているものには「F」を解答用紙の所定の欄に記入しなさい。

1．財務分析における比率分析には、構成比率分析・関係比率分析・趨勢比率分析がある。その中で、構成比率分析とは全体数値の中に占める構成要素の数値の比率を算出してその内容を分析する手法であり、百分率法とも呼ばれている。損益計算書では売上高を、貸借対照表では総資産額を100とするものである。

2．借入金依存度とは、短期借入金・長期借入金・社債の総資本に占める割合を測定するものである。一般的に、この比率は低い方が財務健全性は高いと判断される。

3．キャッシュ・フロー計算書の分析においては、営業キャッシュ・フローや純キャッシュ・フローの数値が用いられるが、純キャッシュ・フローは、〈純キャッシュ・フロー＝税引前当期純利益±法人税等調整額＋当期減価償却実施額＋引当金増減額－株主配当金〉で求められる。

4．キャッシュ・コンバージョン・サイクル（CCC）とは、企業の仕入、販売、代金回収活動に関する回転期間を総合的に判断する指標である。この指標は、キャッシュのアウトフローである棚卸資産と仕入債務の回転日数の合計から、キャッシュのインフローである売上債権の回転日数を控除して求められ、資金繰りの観点から数値は大きい方が望ましい。

5．建設業における企業経営の総合評価として「経営事項審査」があるが、これは経営規模・経営状況・技術力・社会性等の総合評点によって審査される。その中で経営状況の具体的な審査内容には、営業キャッシュ・フローや利益剰余金が含まれる。

第3問
(20点)

　次の〈資料〉に基づいて（　A　）〜（　E　）の数値を算定し、解答用紙の所定の欄に記入しなさい。この会社の会計期間は1年である。なお、解答に際しての端数処理については、解答用紙の指定のとおりとする。

〈資料〉
1．貸借対照表

貸 借 対 照 表

（単位：百万円）

（資産の部）		（負債の部）	
現 金 預 金	×××	支 払 手 形	12,000
受 取 手 形	54,000	工 事 未 払 金	130,000
完成工事未収入金	84,770	短 期 借 入 金	×××
未成工事支出金	（　A　）	未 払 法 人 税 等	1,050
材 料 貯 蔵 品	1,080	未 成 工 事 受 入 金	（　C　）
流動資産合計	×××	流動負債合計	×××
建　　　　　物	37,600	長 期 借 入 金	83,000
機 械 装 置	15,800	固定負債合計	83,000
工 具 器 具 備 品	（　B　）	負債合計	×××
車 両 運 搬 具	18,000	（純資産の部）	
建 設 仮 勘 定	12,300	資　　本　　金	52,000
土　　　　　地	62,380	資 本 剰 余 金	×××
投 資 有 価 証 券	×××	利 益 剰 余 金	×××
固定資産合計	179,580	純資産合計	×××
資産合計	×××	負債純資産合計	×××

2．損益計算書（一部抜粋）

損 益 計 算 書

（単位：百万円）

完成工事高	×××
完成工事原価	×××
完成工事総利益	×××
販売費及び一般管理費	131,634
営業利益	×××
営業外収益	
受取利息配当金	×××
その他	2,480
営業外費用	
支払利息	4,800
その他	1,200
経常利益	（　D　）

3．関連データ（注1）

経営資本営業利益率	6.00％	棚卸資産回転率	24.00回
自己資本事業利益率	（　E　）％	支払勘定回転率	6.00回
固定長期適合比率（注2）	82.00％	現金預金手持月数	0.65月
経営資本回転期間	5.10月	金利負担能力	4.90倍
有利子負債月商倍率	1.25月		

（注1）　算定にあたって期中平均値を使用することが望ましい比率についても、便宜上、期
　　　　末残高の数値を用いて算定している。

（注2）　固定長期適合比率の算定は、一般的な方法によっている。

第4問
（15点）　　　次の〈資料〉に基づき、下記の設問に答えなさい。なお、解答に際しての端数処理については、解答用紙の指定のとおりとする。

〈資料〉　　　　　　　　　　　　　　　（金額単位：千円）

1．完成工事高　　　　　　　　　　　　　24,680,000
2．完成工事原価の内訳
　　　材料費　　　　　　　　　　　　　　2,145,000
　　　労務費　　　　　　　　　　　　　　　234,000（うち労務外注費：234,000）
　　　外注費　　　　　　　　　　　　　　　　　？
　　　経費　　　　　　　　　　　　　　　3,238,000（うち人件費：　2,186,000）
3．販売費及び一般管理費　　　　　　　　1,286,800
4．営業外収益・営業外費用（下記のみ）
　　　受取利息配当金：120,000　　　支払利息：656,000
5．資産の内訳（期中平均）
　　　流動資産　　　　　　　　　　　　16,453,000
　　　有形固定資産　　　　　　　　　　　4,256,000
　　　（うち建設仮勘定　　　　　　　　　　24,000）
　　　無形固定資産　　　　　　　　　　　　48,000
　　　投資その他の資産　　　　　　　　　2,875,000
6．完成工事高営業利益率　　　　　　　6.50％
7．職員数（期中平均）　　　　技術系　360人　　　事務系　120人

問1　付加価値率を計算しなさい。
問2　労働生産性を計算しなさい。
問3　付加価値対固定資産比率を計算しなさい。
問4　労働生産性は、付加価値率×労働装備率×　　　　　の3つの要因に分解することができる。
　　　　　　　　の要因の数値を計算しなさい。
問5　建設業における慣行的な固定費・変動費の区分に基づいて、経常利益段階での損益分岐点比率
　　を計算しなさい。

第5問
（30点）

A建設株式会社の第30期（決算日：20×5年３月31日）及び第31期（決算日：20×6年３月31日）の財務諸表並びにその関連データは〈別添資料〉のとおりであった。次の設問に解答しなさい。

問１　第31期について、次の諸比率（A〜J）を算定しなさい。期中平均値を使用することが望ましい数値については、そのような処置をすること。また、Fの総資本増減率がプラスの場合は「A」、マイナスの場合は「B」を解答用紙の所定の欄に記入しなさい。なお、解答に際しての端数処理については、解答用紙の指定のとおりとする。

A　総資本事業利益率　　　　　B　未成工事収支比率　　　C　固定比率
D　受取勘定回転率　　　　　　E　設備投資効率　　　　　F　総資本増減率
G　完成工事高キャッシュ・フロー率　H　配当性向　　　　　I　自己資本比率
J　資本集約度

問２　同社の財務諸表とその関連データを参照しながら、次に示す文の　　　　の中に入れるべき最も適当な用語・数値を下記の〈用語・数値群〉の中から選び、その記号（ア〜ヨ）で解答しなさい。期中平均値を使用することが望ましい数値については、そのような処置をし、小数点第３位を四捨五入している。

　流動性比率には様々な基本比率や関連比率が存在する。その中で、建設業固有の計算式がある比率としては、当座比率の他に　1　や　2　がある。これら三種類の比率のいずれの比率にも用いられている勘定科目が　3　である。通常、この勘定科目を使用する銀行家比率ともよばれる　1　より、　3　等を用いない　1　のほうが　4　数値となっている。また、この三種類の比率の中で、　3　を分子に用いるものが　2　である。建設業では他産業と比較して、この数値は　5　ことが特徴である。流動性に関する分析には、他にも資産滞留月数分析がある。その中で、滞留月数をより厳密に算出する場合に、分母に完成工事高ではなく、　6　を用いるべき指標が　7　滞留月数である。このときの　6　を用いた第31期における　7　滞留月数は　8　月である。なお、分子に加算及び減算項目のある指標が　9　滞留月数であり、第31期における　9　滞留月数は、　10　月である。

〈用語・数値群〉

ア　未成工事収支比率	イ　棚卸資産	ウ　未成工事受入金	エ　立替工事高比率
オ　流動比率	カ　受取勘定	キ　完成工事未収入金	ク　必要運転資金
コ　未成工事支出金	サ　自己資本	シ　当座資産	ス　流動負債比率
セ　完成工事原価	ソ　総資本	タ　高い	チ　低い
ト　同じ	ナ　工事未払金	ニ　支払手形	ネ　0.18
ノ　0.19	ハ　0.20	フ　0.22	ヘ　0.25
ホ　2.32	ム　2.62	モ　2.99	ヤ　3.23
ヨ　3.35			

第5問〈別添資料〉

A建設株式会社の第30期及び第31期の財務諸表並びにその関連データ

貸　借　対　照　表

（単位：千円）

（資産の部）	第30期 20×5年3月31日現在	第31期 20×6年3月31日現在	（負債の部）	第30期 20×5年3月31日現在	第31期 20×6年3月31日現在
Ⅰ　流動資産			Ⅰ　流動負債		
現金預金	751,600	713,400	支払手形	234,100	214,100
受取手形	823,400	841,500	工事未払金	731,000	631,400
完成工事未収入金	1,104,200	1,182,300	電子記録債務	295,800	374,400
有価証券	6,300	6,000	短期借入金	40,800	41,700
未成工事支出金	78,600	64,500	未払法人税等	30,900	38,400
材料貯蔵品	1,700	1,600	未成工事受入金	199,300	119,300
未収入金	298,300	294,800	預り金	294,900	346,200
その他流動資産	73,900	75,500	完成工事補償引当金	4,200	4,700
貸倒引当金	△　2,200	△　2,300	工事損失引当金	4,700	1,600
〔流動資産合計〕	3,135,800	3,177,300	その他流動負債	179,400	134,300
Ⅱ　固定資産			〔流動負債合計〕	2,015,100	1,906,100
1．有形固定資産			Ⅱ　固定負債		
建物	84,200	92,300	長期借入金	81,900	77,300
構築物	13,100	13,400	退職給付引当金	162,400	166,300
機械装置	48,300	49,200	その他固定負債	112,300	18,500
車両運搬具	11,300	11,500	〔固定負債合計〕	356,600	262,100
工具器具備品	44,900	45,200	負債合計	2,371,700	2,168,200
土地	147,900	151,100	（純資産の部）		
建設仮勘定	3,200	3,800	Ⅰ　株主資本		
有形固定資産合計	352,900	366,500	1．資本金	301,100	301,100
2．無形固定資産			2．資本剰余金		
ソフトウェア	400	500	資本準備金	251,600	251,600
その他無形資産	5,000	5,100	資本剰余金合計	251,600	251,600
無形固定資産合計	5,400	5,600	3．利益剰余金		
3．投資その他の資産			利益準備金	5,600	5,600
投資有価証券	193,200	254,100	その他利益剰余金	918,600	1,173,500
関係会社株式	35,600	36,800	利益剰余金合計	924,200	1,179,100
長期貸付金	7,800	6,400	4．自己株式	△　4,500	△　4,500
破産更生債権等	300	300	〔株主資本合計〕	1,472,400	1,727,300
繰延税金資産	103,300	72,500	Ⅱ　評価・換算差額等		
その他投資資産	22,900	20,200	その他有価証券評価差額金	11,000	42,400
貸倒引当金	△　2,100	△　1,800	〔評価・換算差額等合計〕	11,000	42,400
投資その他の資産合計	361,000	388,500	純資産合計	1,483,400	1,769,700
〔固定資産合計〕	719,300	760,600			
資産合計	3,855,100	3,937,900	負債純資産合計	3,855,100	3,937,900

〔付記事項〕

1．流動資産中の貸倒引当金は、受取手形と完成工事未収入金に対して設定されたものである。
2．その他流動資産は営業活動に伴うものであるが、当座の支払能力を有するものではない。
3．投資その他の資産は、すべて営業活動には直接関係していない資産である。
4．引当金及び有利子負債に該当する項目は、貸借対照表に明記したもの以外にはない。
5．第31期において繰越利益剰余金を原資として実施した配当の額は66,000千円である。

損 益 計 算 書

（単位：千円）

		第30期 自 20×4年4月1日 至 20×5年3月31日		第31期 自 20×5年4月1日 至 20×6年3月31日	
Ⅰ	完成工事高		4,361,500		4,502,300
Ⅱ	完成工事原価		3,906,500		4,021,500
	完成工事総利益		455,000		480,800
Ⅲ	販売費及び一般管理費		200,600		280,700
	営業利益		254,400		200,100
Ⅳ	営業外収益				
	受取利息	400		400	
	受取配当金	3,300		3,700	
	その他営業外収益	3,200	6,900	4,900	9,000
Ⅴ	営業外費用				
	支払利息	1,900		1,900	
	債権売却損	500		300	
	為替差損	200		100	
	その他営業外費用	1,700	4,300	1,900	4,200
	経常利益		257,000		204,900
Ⅵ	特別利益		20,700		1,400
Ⅶ	特別損失		7,200		24,500
	税引前当期純利益		270,500		181,800
	法人税、住民税及び事業税	61,800		66,300	
	法人税等調整額	14,400	76,200	15,400	81,700
	当期純利益		194,300		100,100

〔付記事項〕

1. 第31期における有形固定資産の減価償却費及び無形固定資産の償却費の合計額は20,800千円である。

2. その他営業外費用には、他人資本に付される利息は含まれていない。

キャッシュ・フロー計算書（要約）

（単位：千円）

		第30期 自 20×4年4月1日 至 20×5年3月31日	第31期 自 20×5年4月1日 至 20×6年3月31日
Ⅰ	営業活動によるキャッシュ・フロー	3,500	66,000
Ⅱ	投資活動によるキャッシュ・フロー	△ 22,900	△ 43,100
Ⅲ	財務活動によるキャッシュ・フロー	△ 53,600	△ 61,100
Ⅳ	現金及び現金同等物の増加・減少額	△ 73,000	△ 38,200
Ⅴ	現金及び現金同等物の期首残高	824,600	751,600
Ⅵ	現金及び現金同等物の期末残高	751,600	713,400

完成工事原価報告書

（単位：千円）

		第30期 自 20×4年4月1日 至 20×5年3月31日	第31期 自 20×5年4月1日 至 20×6年3月31日
I	材料費	781,300	844,600
II	労務費	39,100	40,300
	（うち労務外注費）	（39,100）	（40,300）
III	外注費	2,578,300	2,613,900
IV	経費	507,800	522,700
	完成工事原価	3,906,500	4,021,500

各期末時点の総職員数

	第30期	第31期
総職員数	60人	62人

問
題

第
31
回

第1問 (20点)　総合評価の手法に関する次の問に解答しなさい。各問ともに指定した字数以内で記入すること。

問1　指数法について説明しなさい。（250字）
問2　「経営事項審査」における総合評点の特徴について説明しなさい。（250字）

第2問 (15点)　次の文中の ☐ に入る最も適当な用語を下記の〈用語群〉から選び、その記号（ア〜ヘ）を解答用紙の所定の欄に記入しなさい。

　生産性分析の中心概念は ☐ 1 ☐ である。一般にこの計算方法は2つあるが、建設業においては ☐ 2 ☐ が採用されており、その算式は、☐ 3 ☐ － (☐ 4 ☐ ＋外注費) で示される。『建設業の経営分析』では、この ☐ 1 ☐ を ☐ 5 ☐ と呼ぶこともある。

　投下資本がどれほど生産性に貢献したかという生産的効率を意味するものが ☐ 6 ☐ である。その計算において、分子に ☐ 1 ☐ を、分母に有形固定資産が使用される ☐ 6 ☐ を ☐ 7 ☐ という。なお、有形固定資産の金額は、現在の有効投資を示すものでなければならないので、☐ 8 ☐ の分はそこから除外される。他方、従業員1人当たりが生み出した ☐ 1 ☐ を示すものが、☐ 9 ☐ である。この ☐ 9 ☐ は、☐ 7 ☐ と ☐ 10 ☐ の積で求めることもでき、☐ 11 ☐ と ☐ 12 ☐ の積で求めることもできる。なお、☐ 11 ☐ は1人当たり総資本を示すものである。また、☐ 9 ☐ と ☐ 13 ☐ の積で求められるのが、1人当たりの人件費すなわち賃金水準となる。

〈用語群〉

ア　完成工事原価	イ　経費	ウ　無形固定資産	エ　資本集約度
オ　付加価値	カ　減価償却費	キ　資本生産性	ク　総職員数
コ　労務費	サ　完成工事高	シ　未稼働投資	ス　設備投資効率
セ　完成工事総利益	ソ　加算法	タ　材料費	チ　完成加工高
ト　労務外注費	ナ　控除法	ニ　労働装備率	ネ　総資本投資効率
ノ　労働生産性	ハ　純付加価値	フ　総合生産性	ヘ　労働分配率

第3問
(20点)

　次の〈資料〉に基づいて（　A　）～（　D　）の金額を算定するとともに、支払勘定回転率も算定し、解答用紙の所定の欄に記入しなさい。この会社の会計期間は1年である。なお、解答に際しての端数処理については、解答用紙の指定のとおりとする。

〈資料〉

1．貸借対照表

貸 借 対 照 表

（単位：百万円）

（資産の部）		（負債の部）	
現　金　預　金	×××	支　払　手　形	×××
受　取　手　形	31,640	工　事　未　払　金	×××
完成工事未収入金	（　A　）	短　期　借　入　金	9,190
未成工事支出金	14,590	未　払　法　人　税　等	3,500
材　料　貯　蔵　品	×××	未　成　工　事　受　入　金	（　B　）
流動資産合計	×××	流動負債合計	×××
建　　　　　物	16,000	長　期　借　入　金	×××
機　械　装　置	9,100	固定負債合計	×××
工　具　器　具　備　品	3,200	負債合計	128,310
車　両　運　搬　具	×××	（純資産の部）	
建　設　仮　勘　定	900	資　　本　　金	×××
土　　　　地	×××	資　本　剰　余　金	×××
投　資　有　価　証　券	25,000	利　益　剰　余　金	9,090
固定資産合計	×××	純資産合計	×××
資産合計	×××	負債純資産合計	×××

2．損益計算書（一部抜粋）

損 益 計 算 書

（単位：百万円）

完成工事高	×××
完成工事原価	（　C　）
完成工事総利益	×××
販売費及び一般管理費	15,730
営業利益	×××
営業外収益	
受取利息配当金	880
その他	（　D　）
営業外費用	
支払利息	600
その他	255
経常利益	×××

3．関連データ（注1）

総資本経常利益率	2.50%	現金預金手持月数	1.50月
経営資本回転期間	9.80月	固定長期適合比率（注3）	90.00%
流動比率（注2）	110.00%	有利子負債月商倍率	1.20月
当座比率（注2）	109.70%	金利負担能力	7.00倍
自己資本比率	35.00%		

（注1）　算定にあたって期中平均値を使用することが望ましい比率についても、便宜上、期末残高の数値を用いて算定している。

（注2）　流動比率及び当座比率の算定は、建設業特有の勘定科目の金額を控除する方法によっている。

（注3）　固定長期適合比率の算定は、一般的な方法によっている。

第4問
（15点）

次の〈資料〉に基づき、下記の設問に答えなさい。なお、解答に際しての端数処理については、解答用紙の指定のとおりとする。

〈資料〉
第5期・第6期の完成工事高および総費用

	完成工事高	総費用
第5期	35,112,000千円	28,460,200千円
第6期	32,200,000千円	26,480,040千円

問1　高低2点法によって費用分解を行い、第6期の変動費率を求めなさい。

問2　第6期の固定費を求めなさい。

問3　第6期の損益分岐点の完成工事高を求めなさい。

問4　第6期の損益分岐点比率を求めなさい。

問5　建設業における慣行的な固変区分による損益分岐点比率や変動費が上記の設問で求めた解答数値と等しく、支払利息の金額はゼロであると仮定したとき、第6期の販売費及び一般管理費の金額を求めなさい。

第5問
（30点）

A建設株式会社の第31期（決算日：20×5年3月31日）及び第32期（決算日：20×6年3月31日）の財務諸表並びにその関連データは〈別添資料〉のとおりであった。次の設問に解答しなさい。

問1　第32期について、次の諸比率（A～J）を算定しなさい。期中平均値を使用することが望ましい数値については、そのような処置をすること。また、Fの完成工事高増減率がプラスの場合は「A」、マイナスの場合は「B」を解答用紙の所定の欄に記入しなさい。なお、解答に際しての端数処理については、解答用紙の指定のとおりとする。

A　経営資本営業利益率 　　　　B　立替工事高比率 　　　　C　運転資本保有月数
D　借入金依存度 　　　　　　　E　棚卸資産滞留月数 　　　F　完成工事高増減率
G　営業キャッシュ・フロー対流動負債比率 　　H　配当率 　　　I　未成工事収支比率
J　労働装備率

問2　同社の財務諸表とその関連データを参照しながら、次に示す文中の [　　] の中に入れるべき最も適当な用語・数値を下記の〈用語・数値群〉の中から選び、その記号（ア～ヤ）で解答しなさい。期中平均値を使用することが望ましい数値については、そのような処置をし、小数点第3位を四捨五入している。

　出資者の見地から投下資本の収益性を判断するための指標が、[1] である。証券市場では、この [1] をアルファベット表記では [2] と呼んでトップマネジメント評価の重要な指標として活用している。この指標の分子の利益としては、一般に [3] が用いられる。第32期における [1] は [4] ％である。
　この指標は [5] によって、まず3つの指標に分解することができ、これは、[6] を [7] で除する数値とも等しい。[6] は包括的な収益力を示し、さらに、利益率と [8] に分けられる。一方、[7] の逆数は [9] とも呼ばれる。第32期における [8] は [10] 回である。

〈用語・数値群〉

ア　総資本利益率 　　　イ　クロス・セクション 　　ウ　完成工事高利益率 　　エ　当期純利益
オ　財務レバレッジ 　　カ　自己資本利益率 　　　　キ　総資本回転率 　　　　ク　事業利益
コ　経常利益 　　　　　サ　経営資本利益率 　　　　シ　自己資本比率 　　　　ス　営業利益
セ　ＣＣＣ 　　　　　　ソ　ＲＯＥ 　　　　　　　　タ　ＣＶＰ 　　　　　　　　チ　デュポンシステム
ト　負債比率 　　　　　ナ　自己資本回転率 　　　　ニ　インタレスト・カバレッジ 　ネ　経営資本回転率
ノ　0.67 　　　　　　　ハ　0.73 　　　　　　　　フ　0.74
ホ　6.90 　　　　　　　ム　6.97 　　　　　　　　モ　10.02 　　　　　　　　ヤ　14.29

問題

第32回

第5問〈別添資料〉

A建設株式会社の第31期及び第32期の財務諸表並びにその関連データ

貸借対照表

（単位：千円）

（資産の部）	第31期 20×5年3月31日現在	第32期 20×6年3月31日現在	（負債の部）	第31期 20×5年3月31日現在	第32期 20×6年3月31日現在
Ⅰ　流動資産			Ⅰ　流動負債		
現金預金	216,130	331,560	支払手形	13,370	16,900
受取手形	32,600	27,300	工事未払金	448,000	482,500
完成工事未収入金	1,401,700	1,395,700	短期借入金	74,600	94,800
有価証券	1,240	120	未払金	23,800	18,900
未成工事支出金	48,740	26,100	未払法人税等	45,230	16,600
材料貯蔵品	800	920	未成工事受入金	157,100	115,400
その他流動資産	130,400	119,380	預り金	245,600	256,100
貸倒引当金	△　1,540	△　1,520	完成工事補償引当金	4,620	5,400
［流動資産合計］	1,830,070	1,899,560	工事損失引当金	8,630	9,730
Ⅱ　固定資産			その他流動負債	40,100	37,400
1．有形固定資産			［流動負債合計］	1,061,050	1,053,730
建物	155,300	147,800	Ⅱ　固定負債		
構築物	2,300	3,600	社債	110,000	120,000
機械装置	11,700	12,300	長期借入金	233,400	261,700
車両運搬具	600	610	退職給付引当金	48,500	51,000
工具器具備品	4,300	4,100	その他固定負債	124,500	118,300
土地	344,100	346,700	［固定負債合計］	516,400	551,000
建設仮勘定	159,700	222,400	負債合計	1,577,450	1,604,730
有形固定資産合計	678,000	737,510	（純資産の部）		
2．無形固定資産			Ⅰ　株主資本		
のれん	4,400	4,100	1．資本金	198,400	198,400
その他無形資産	7,300	7,400	2．資本剰余金		
無形固定資産合計	11,700	11,500	資本準備金	262,400	262,400
3．投資その他の資産			資本剰余金合計	262,400	262,400
投資有価証券	673,400	566,300	3．利益剰余金		
関係会社株式	8,500	8,500	利益準備金	2,400	2,400
長期貸付金	1,300	1,200	その他利益剰余金	954,600	1,082,680
長期前払費用	980	1,400	利益剰余金合計	957,000	1,085,080
退職給付に係る資産	49,700	50,800	4．自己株式	△　46,400	△　80,600
その他投資資産	24,500	59,600	［株主資本合計］	1,371,400	1,465,280
貸倒引当金	△　19,700	△　19,660	Ⅱ　評価・換算差額等		
投資その他の資産合計	738,680	668,140	その他有価証券評価差額金	309,600	246,700
［固定資産合計］	1,428,380	1,417,150	［評価・換算差額等合計］	309,600	246,700
			純資産合計	1,681,000	1,711,980
資産合計	3,258,450	3,316,710	負債純資産合計	3,258,450	3,316,710

〔付記事項〕

1．流動資産中の貸倒引当金は、受取手形と完成工事未収入金に対して設定されたものである。
2．その他流動資産は営業活動に伴うものであるが、当座の支払能力を有するものではない。
3．投資その他の資産は、すべて営業活動には直接関係していない資産である。
4．引当金及び有利子負債に該当する項目は、貸借対照表に明記したもの以外にはない。
5．第32期において繰越利益剰余金を原資として実施した配当の額は42,600千円である。

損 益 計 算 書

（単位：千円）

		第31期 自 20×4年4月1日 至 20×5年3月31日		第32期 自 20×5年4月1日 至 20×6年3月31日	
I	完成工事高		2,207,100		2,424,600
II	完成工事原価		1,892,300		2,106,200
	完成工事総利益		314,800		318,400
III	販売費及び一般管理費		186,000		191,900
	営業利益		128,800		126,500
IV	営業外収益				
	受取利息	320		430	
	受取配当金	11,800		12,000	
	その他営業外収益	11,200	23,320	5,700	18,130
V	営業外費用				
	支払利息	3,670		3,930	
	社債利息	2,200		2,400	
	為替差損	130		110	
	その他営業外費用	120	6,120	90	6,530
	経常利益		146,000		138,100
VI	特別利益		4,300		32,100
VII	特別損失		3,100		200
	税引前当期純利益		147,200		170,000
	法人税、住民税及び事業税	58,100		42,200	
	法人税等調整額	△ 5,500	52,600	9,630	51,830
	当期純利益		94,600		118,170

〔付記事項〕

1．第32期における有形固定資産の減価償却費及び無形固定資産の償却費の合計額は18,100千円である。

2．その他営業外費用には、他人資本に付される利息は含まれていない。

キャッシュ・フロー計算書（要約）

（単位：千円）

		第31期 自 20×4年4月1日 至 20×5年3月31日	第32期 自 20×5年4月1日 至 20×6年3月31日
I	営業活動によるキャッシュ・フロー	230	182,900
II	投資活動によるキャッシュ・フロー	△ 89,600	△ 27,500
III	財務活動によるキャッシュ・フロー	17,200	△ 39,970
IV	現金及び現金同等物の増加・減少額	△ 72,170	115,430
V	現金及び現金同等物の期首残高	288,300	216,130
VI	現金及び現金同等物の期末残高	216,130	331,560

完成工事原価報告書

（単位：千円）

		第31期 自 20×4年4月1日 至 20×5年3月31日	第32期 自 20×5年4月1日 至 20×6年3月31日
Ⅰ	材料費	340,600	400,200
Ⅱ	労務費	18,900	21,100
	（うち労務外注費）	(18,900)	(21,100)
Ⅲ	外注費	1,173,200	1,326,900
Ⅳ	経費	359,600	358,000
	完成工事原価	1,892,300	2,106,200

各期末時点の総職員数

	第31期	第32期
総職員数	26人	28人

第2部

解答・解答への道編

この解答例は、当社編集部で作成したものです。

第23回 解　答

第1問 20点　解答にあたっては、それぞれ250字以内（句読点含む）で記入すること。

問1

								10									20					25
財	務	分	析	の	手	法	に	よ	り	、	企	業	の	収	益	性	な	ど	部	分	的	な	評	価
は	可	能	で	あ	る	が	、	そ	れ	だ	け	で	企	業	全	体	の	評	価	を	行	う	と	意
思	決	定	を	誤	る	危	険	が	あ	る	。	そ	こ	で	、	企	業	全	体	の	総	合	評	価
が	必	要	と	な	る	。❷	内	部	分	析	は	、	企	業	内	部	の	経	営	管	理	者	が	利

用する為に行う財務分析であり、収益性は良好であるが、健全性は不良であるというような状況において、今後の企業経営を健全に遂行する為に総合評価が必要となる。❹外部分析は、企業外部の利害関係者が利用する為に行われる財務分析であり、社債の格付け、経営事項審査など企業のランキングを行う為に総合評価が必要となる。❹

問2
レーダー・チャート法とは、円形の図形の中に選択した複数の指標を記入し、視覚的に平均値との乖離の程度を確認することにより企業の総合評価を行う方法であり、図形化による総合評価法の1つの手法といえる。❹レーダー・チャート法により、平均値との比較によって自社の財務分析上の特性を、一目瞭然で把握できる。❸ただし、比較対象となる平均値について、業種別平均値や規模別平均値、または自社の過去数年の平均値など、様々なものが考えられるが、どのような平均値を比較対象とするかでこの分析の評価内容が異なることに注意を要する。❸

第2問 15点

記号 （ア～ノ）	1	2	3	4	5	6
	ト	ネ	シ	サ	ア	コ
	❶	❶	❶	❶	❶	❶

7	8	9	10	11
カ	エ	キ	ク	タ
❷	❷	❷	❷	❶

第3問 20点

（A）❹ ☐ ☐ 3 7 0 0 百万円 （百万円未満を切り捨て）

（B）❹ 2 1 1 7 0 百万円 （ 同 上 ）

（C）❹ ☐ ☐ 3 4 0 0 百万円 （ 同 上 ）

（D）❹ ☐ 1 1 0 0 0 百万円 （ 同 上 ）

完成工事高営業外損益率 ❹ ☐ ☐ 0 . 6 4 ％ （小数点第3位を四捨五入し、第2位まで記入）　　記号（AまたはB）　 B

第4問 15点

問1　❸ 1 4 8 2 0 0 百万円 （百万円未満を切り捨て）

問2　❹ 5 7 . 8 9 ％ （小数点第3位を四捨五入し、第2位まで記入）

問3　❹ 1 7 . 2 7 3 ％ （小数点第3位を四捨五入し、第2位まで記入）

問4　❹ 3 0 0 8 0 7 百万円 （百万円未満を切り捨て）

第5問 30点

問1

A　経営資本営業利益率　❷ 　｜　｜ 5 . 9 6 ｜ ％　（小数点第3位を四捨五入し、第2位まで記入）

B　流動比率　❷ 1 7 7 . 0 9 ％　（ 　　同　　　上　　 ）

C　未成工事収支比率　❷ 2 2 9 . 2 3 ％　（ 　　同　　　上　　 ）

D　負債回転期間　❷ 　　 6 . 6 8 ｜ 月　（ 　　同　　　上　　 ）

E　自己資本比率　❷ 　 5 5 . 4 2 ％　（ 　　同　　　上　　 ）

F　総資本回転率　❷ 　　 0 . 8 3 回　（ 　　同　　　上　　 ）

G　労働装備率　❷ 　 1 5 . 6 0 百万円（ 　　同　　　上　　 ）

H　営業キャッシュ・フロー対負債比率 ❷ 　 3 1 . 6 0 ％　（ 　　同　　　上　　 ）

I　付加価値率　❷ 　 2 8 . 1 5 ％　（ 　　同　　　上　　 ）

J　配当性向　❷ 　 1 9 . 0 8 ％　（ 　　同　　　上　　 ）

別解　B　流動比率：155.96％

問2　記号（ア～ル）

1	2	3	4	5	6	7	8	9	10	
シ	イ	ス	キ	ホ	ア	ハ	サ	ヤ	ニ	各❶

●数字…予想配点

第1問 ● 理論記述問題

企業の総合評価についての理論記述問題である。

さまざまな財務分析の手法により、企業の収益性や安全性など、確認目的別の評価を行うことはできるが、それだけでは企業の全体評価を行うことができない。
そこで、企業全体の評価を行うために、総合評価が必要になる。
なお、総合評価の必要性は、内部分析と外部分析とで異なる。

内部分析とは、企業内部の経営管理者が利用するために行われる財務分析をいう。
たとえば、収益性は良好であるが、健全性は不良であるような状況は、今後の経営政策や経営戦略など、企業内部の経営管理者が企業経営を行う上で、大きな影響を与えるはずである。
したがって、企業経営は企業全体の評価にもとづいて実施されるべきであり、内部分析のために企業の総合評価が必要となる。

外部分析とは、企業外部の利害関係者が利用するために行われる財務分析をいう。
債権者保護の観点から実施される社債の格付け、投資家保護の観点から実施される株式上場の審査基準としての企業評価、建設業における公共工事への参加資格審査としての経営事項審査（経審）など、外部分析により企業のランキングを行うため、企業の総合評価が必要となる。
総合評価の手法には、次のようなものがある。

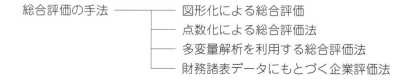

このうち、図形化による総合評価法とは、選択した複数の指標を何らかの図形によって示すことにより、視覚的に企業の総合評価を行う方法をいい、次のようなものがある。

レーダー・チャート法とは、円形の図形の中に選択した複数の指標を記入し、視覚的に平均値との距離を確認することにより企業の総合評価を行う方法をいう。
なお、平均値との乖離具合を凹凸の状況によって確認しようとするものであり、円形であることから、選択すべき指標は、少なくて8個、多くて12個程度に限られ、その図形から、クモの巣グラフとも呼ばれることもある。
このレーダー・チャートと呼ばれる円形の図形により、たとえば、財務の健全性の指標は平均値よりいずれも勝っているが、収益性は平均値よりほぼ凹んだ状態である、といった具合に、一目瞭然で、自社の財務分析上の特性を把握することができる。

ただし、このレーダー・チャートで注意すべきことは、比較対象となる平均値の選択である。

比較対象には、業界の業種別平均値、規模別平均値、自社の過去数年の平均値、同業他社の実績データを採用することもそれなりの意味があるが、どのような比較対象を選択するかによって、この分析の評価内容が異なることに注意すべきである。

第2問 ● 空欄記入問題（記号選択）

空欄を埋めると、次のような文章となる。

> 生産性分析とは、投入された生産要素がどの程度有効に利用されたかを分析することをいい、単純には、生産性はアウトプットをインプットで除したものと表現することができる。分母のインプットは、一般的には**労働力**と**設備資本**である。一方、分子のアウトプットは、通常は付加価値の金額を採用し、その金額の算定方法には**加算法**と控除法がある。
>
> 付加価値に減価償却費を含めた場合を**粗付加価値**と呼んでいる。また、建設業における付加価値の算式は、
>
> **完成工事高** −（材料費 ＋ **労務外注費** ＋ 外注費）で示される。
>
> 生産性分析の基本指標は、付加価値労働生産性の測定であるが、この労働生産性はいくつかの要因に分解して分析することができる。一つは、一人当たり**完成工事高**×付加価値率に分解され、二つめは、**資本集約度**×総資本投資効率であり、**資本集約度**は一人当たり総資本を示すものである。三つめは、**労働装備率**×設備投資効率である。**労働装備率**は、従業員一人当たりの生産設備への投資額を示しており、工事現場の機械化の水準を示している。ここでの有形固定資産の金額は**建設仮勘定**のような未稼働投資の分は除外される。いずれの分析においても、従業員数、総資本、有形固定資産の数値は**期中平均値**であることが望ましい。

生産性分析についての空欄記入問題（記号選択）である。

生産性分析とは、投入された生産要素がどの程度有効に利用されたか（生産効率）を分析することをいう。

なお、生産性は、生産要素の投入高（インプット）に対する活動成果たる産出高（アウトプット）の割合で示され、これを算式によって示すと次のようになる。

$$生産性 ＝ \frac{活動成果たる産出高（アウトプット）}{生産要素の投入高（インプット）}$$

この算式の分母の「生産要素の投入高」には、一般的に労働力（従業員数）または資本を用い、分子の「活動成果たる産出高」には、一般的に付加価値を用いる。

付加価値とは、企業が新たに生み出した価値をいう。一般的な付加価値の算定方法は、控除法と加算法の2つが挙げられる。

控除法とは、売上高（完成工事高）から付加価値を構成しない項目（前給付費用）を控除して付加価値を算定する方法をいう。

加算法とは、付加価値を構成する項目を加算して付加価値を算定する方法をいう。

なお、控除法および加算法のいずれの方法であっても、減価償却費を含めて算定したものを「粗付加価値」といい、減価償却費を除いて算定したものを「純付加価値」という。

建設業では、「粗付加価値」を付加価値と考え、その算定方法は控除法によっている。したがって、建設業の付加価値を算式によって示すと次のようになる。

$$付加価値＝完成工事高－（材料費＋労務外注費＋外注費）$$

付加価値を分子とする生産性についての基本指標は、労働生産性と資本生産性が挙げられる。

労働生産性とは、従業員数に対する付加価値の割合をいい、従業員1人あたりが生み出した付加価値を示すものである。なお、建設業経理士1級の財務分析の試験では、「従業員数」を技術職員数と事務職員数との合計である「総職員数」としている。この労働生産性を算式によって示すと次のようになる。

$$労働生産性（円）＝\frac{付加価値}{総職員数（期中平均値）}$$

資本生産性とは、固定資産に対する付加価値の割合をいい、固定資産がどれだけの付加価値を生み出したかを示すものである。これを算式によって示すと次のようになる。

$$資本生産性（\%）＝\frac{付加価値}{固定資産（期中平均値）}×100$$

なお、資本生産性分析において、分母の資産は実質的に経営活動に貢献しているものを考えるべきであるから、建設仮勘定や有休の設備資産等は除外されるべきである。

労働生産性は、いくつかの要因に分解して分析することができる。
完成工事高を用いると、以下のように分解することができる。

$$
\begin{array}{ccccc}
労働生産性 & = & 職員1人当たり完成工事高 & × & 付加価値率 \\
\frac{付加価値}{総職員数} & = & \frac{完成工事高}{総職員数} & × & \frac{付加価値}{完成工事高}
\end{array}
$$

総資本を用いると、以下のように分解することができる。

$$
\begin{array}{ccccc}
労働生産性 & = & 資本集約度 & × & 総資本投資効率 \\
\frac{付加価値}{総職員数} & = & \frac{総資本}{総職員数} & × & \frac{付加価値}{総資本}
\end{array}
$$

有形固定資産を用いると、以下のように分解することができる。

$$
\begin{array}{ccccc}
労働生産性 & = & 労働装備率 & × & 設備投資効率 \\
\frac{付加価値}{総職員数} & = & \frac{有形固定資産}{総職員数} & × & \frac{付加価値}{有形固定資産}
\end{array}
$$

第3問 ● 財務諸表項目（一部）の推定と完成工事高営業外損益率の算定問題

1．受取手形（A）の算定

(1) 総資本の算定

$$2.30\%〈総資本当期純利益率〉=\frac{2,760百万円〈当期純利益〉}{総資本}\times100$$

∴　総資本 = 120,000百万円

(2) 完成工事高の算定

$$0.80回〈総資本回転率〉=\frac{完成工事高}{120,000百万円〈総資本〉}$$

∴　完成工事高 = 96,000百万円

(3) 受取手形（A）の算定

$$3.00回〈受取勘定回転率〉=\frac{96,000百万円〈完成工事高〉}{受取手形（A）+28,300百万円〈完成工事未収入金〉}$$

∴　受取手形（A）= **3,700百万円**

2．未成工事支出金（B）の算定

$$2.70月〈棚卸資産滞留月数〉=\frac{未成工事支出金（B）+430百万円〈材料貯蔵品〉}{96,000百万円〈完成工事高〉÷12}$$

∴　未成工事支出金（B）= **21,170百万円**

3．短期借入金（C）の算定

(1) 固定資産の算定

固定資産 = 120,000百万円〈総資本〉− 63,750百万円〈流動資産〉

∴　固定資産 = 56,250百万円

(2) 自己資本の算定

$$112.50\%〈固定比率〉=\frac{56,250百万円〈固定資産〉}{自己資本}\times100$$

∴　自己資本 = 50,000百万円

(3) 固定負債の算定

$$75.00\%〈固定長期適合比率〉=\frac{56,250百万円〈固定資産〉}{固定負債+50,000百万円〈自己資本〉}\times100$$

∴　固定負債 = 25,000百万円

(4) 長期借入金の算定

25,000百万円〈固定負債〉= 長期借入金 + 11,000百万円〈退職給付引当金〉

∴　長期借入金 = 14,000百万円

(5) 短期借入金（C）の算定

$$14.50\%〈借入金依存度〉=\frac{短期借入金（C）+14,000百万円〈長期借入金〉}{120,000百万円〈総資本〉}\times100$$

∴　短期借入金（C）= **3,400百万円**

4．未成工事受入金（D）の算定

(1) 流動負債の算定

120,000百万円〈総資本〉= 流動負債 + 25,000百万円〈固定負債〉+ 50,000百万円〈自己資本〉

∴　流動負債 = 45,000百万円

(2) 未成工事受入金（D）の算定

$$68.00\%〈流動負債比率〉=\frac{45,000百万円〈流動負債〉−未成工事受入金（D）}{50,000百万円〈自己資本〉}\times100$$

∴　未成工事受入金（D）= **11,000百万円**

5．完成工事高営業外損益率の算定

(1) 支払利息の算定

$$0.85\%〈純支払利息比率〉=\frac{支払利息-384百万円〈受取利息配当金〉}{96,000百万円〈完成工事高〉}\times100$$

∴　支払利息＝1,200百万円

(2) 経常利益の算定

経常利益＝8,700百万円〈営業利益〉＋384百万円〈受取利息配当金〉＋400百万円〈営業外収益・その他〉
－1,200百万円〈支払利息〉－200百万円〈営業外費用・その他〉

∴　経常利益＝8,084百万円

(3) 完成工事高経常利益率の算定

$$完成工事高経常利益率（\%）=\frac{8,084百万円〈経常利益〉}{96,000百万円〈完成工事高〉}\times100$$
$$≒8.42\%$$

(4) 完成工事高営業利益率の算定

$$完成工事高営業利益率（\%）=\frac{8,700百万円〈営業利益〉}{96,000百万円〈完成工事高〉}\times100$$
$$≒9.06\%$$

(5) 完成工事高営業外損益率の算定

完成工事高営業外損益率（％）＝8.42％〈完成工事高経常利益率〉－9.06％〈完成工事高営業利益率〉
$$≒△0.64\%（B）$$
または

完成工事高営業外損益率（％）

$$=\frac{384百万円〈受取利息配当金〉＋400百万円〈営業外収益・その他〉－1,200百万円〈支払利息〉－200百万円〈営業外費用・その他〉}{96,000百万円〈完成工事高〉}\times100$$

$$≒△0.64\%（B）$$

第4問 ● 損益分岐点分析に関する諸項目の算定問題

問1　限界利益の算定

限界利益＝285,000百万円〈完成工事高〉－119,750百万円〈完成工事原価・変動費〉
－17,050百万円〈販売費及び一般管理費・変動費〉
＝148,200百万円

問2　損益分岐点比率の算定

(1) 固定費の算定

固定費＝65,850百万円〈販売費及び一般管理費〉＋19,950百万円〈支払利息〉
＝85,800百万円
または
固定費＝156,750百万円〈完成工事原価〉－119,750百万円〈変動費〉
＋65,850百万円〈販売費及び一般管理費〉－17,050百万円〈変動費〉
＝85,800百万円

(2) 損益分岐点比率の算定

$$損益分岐点比率（\%）= \frac{85,800百万円〈固定費〉}{148,200百万円〈限界利益〉} \times 100$$
$$≒ \mathbf{57.89\%}$$

問3 分子に実際完成工事高を用いた場合の安全余裕率の算定

(1) 損益分岐点完成工事高の算定

$$損益分岐点完成工事高 = \frac{85,800百万円〈固定費〉}{148,200百万円〈限界利益〉} \times 285,000百万円〈完成工事高〉$$
$$= 165,000百万円$$

(2) 安全余裕率の算定

$$安全余裕率（\%）= \frac{285,000百万円〈完成工事高〉}{165,000百万円〈損益分岐点完成工事高〉} \times 100$$
$$≒ \mathbf{172.73\%}$$

問4 金利負担能力が3.60倍となる完成工事高の算定

(1) 営業利益の算定

$$3.60倍〈金利負担能力〉= \frac{営業利益 + 1,200百万円〈受取利息〉}{19,950百万円〈支払利息〉}$$
$$∴ \quad 営業利益 = 70,620百万円$$

(2) 限界利益率の算定

$$限界利益率（\%）= \frac{148,200百万円〈限界利益〉}{285,000百万円〈完成工事高〉} \times 100$$
$$= 52\%$$

(3) 完成工事高の算定

完成工事高 $\times 52\% - 85,800$百万円〈固定費〉$= 70,620$百万円〈営業利益〉
$$∴ \quad 完成工事高 ≒ \mathbf{300,807百万円}$$

第5問 ● 諸比率の算定問題および空欄記入問題（記号選択）

問1 諸比率の算定問題

A 経営資本営業利益率

(1) 経営資本（期中平均値）の算定

第23期末経営資本 = 2,386,000千円〈総資本〉
      − (12,000千円〈建設仮勘定〉+ 440,900千円〈投資その他の資産〉
      + 400千円〈繰延税金資産（流動資産）〉)
      = 1,932,700千円

第24期末経営資本 = 2,537,100千円〈総資本〉
      − (4,000千円〈建設仮勘定〉+ 488,400千円〈投資その他の資産〉
      + 18,000千円〈繰延税金資産（流動資産）〉)
      = 2,026,700千円

経営資本（期中平均値）= (1,932,700千円〈第23期末〉+ 2,026,700千円〈第24期末〉) ÷ 2
         = 1,979,700千円

（2）　経営資本営業利益率の算定

$$経営資本営業利益率（\%）=\frac{118,000千円〈営業利益〉}{1,979,700千円〈経営資本（期中平均値）〉}×100$$
$$≒5.96\%$$

B　流動比率

$$流動比率（\%）=\frac{1,467,700千円〈流動資産〉-65,000千円〈未成工事支出金〉}{941,100千円〈流動負債〉-149,000千円〈未成工事受入金〉}×100$$
$$≒177.09\%$$

┃別解┃

$$流動比率（\%）=\frac{1,467,700千円〈流動資産〉}{941,100千円〈流動負債〉}×100$$
$$≒155.96\%$$

C　未成工事収支比率

$$未成工事収支比率（\%）=\frac{149,000千円〈未成工事受入金〉}{65,000千円〈未成工事支出金〉}×100$$
$$≒229.23\%$$

D　負債回転期間

$$負債回転期間（月）=\frac{941,100千円〈流動負債〉+190,000千円〈固定負債〉}{2,031,000千円〈完成工事高〉÷12}$$
$$≒6.68月$$

E　自己資本比率

$$自己資本比率（\%）=\frac{1,406,000千円〈自己資本〉}{2,537,100千円〈総資本〉}×100$$
$$≒55.42\%$$

F　総資本回転率

（1）　総資本（期中平均値）の算定

$$総資本（期中平均値）=（2,386,000千円〈第23期末総資本〉+2,537,100千円〈第24期末総資本〉）÷2$$
$$=2,461,550千円$$

（2）　総資本回転率の算定

$$総資本回転率（回）=\frac{2,031,000千円〈完成工事高〉}{2,461,550千円〈総資本（期中平均値）〉}$$
$$≒0.83回$$

G　労働装備率

（1）　有形固定資産 − 建設仮勘定（期中平均値）の算定

$$第23期末有形固定資産-建設仮勘定=562,000千円〈有形固定資産〉-12,000千円〈建設仮勘定〉$$
$$=550,000千円$$

$$第24期末有形固定資産-建設仮勘定=577,000千円〈有形固定資産〉-4,000千円〈建設仮勘定〉$$
$$=573,000千円$$

$$有形固定資産-建設仮勘定（期中平均値）=（550,000千円〈第23期末〉+573,000千円〈第24期末〉）÷2$$
$$=561,500千円$$

（2）　総職員数（期中平均値）の算定

$$総職員数（期中平均値）=（35人〈第23期末〉+37人〈第24期末〉）÷2$$
$$=36人$$

(3) 労働装備率の算定

$$労働装備率(百万円) = \frac{561,500千円〈有形固定資産-建設仮勘定(期中平均値)〉}{36人〈総職員数(期中平均値)〉}$$

$$≒ 15.60百万円$$

H 営業キャッシュ・フロー対負債比率

(1) 負債(期中平均値)の算定

$$負債(期中平均値) = (1,084,000千円〈第23期末〉+1,131,100千円〈第24期末〉) ÷ 2$$

$$= 1,107,550千円$$

(2) 営業キャッシュ・フロー対負債比率の算定

$$営業キャッシュ・フロー対負債比率(\%) = \frac{350,000千円〈営業活動によるキャッシュ・フロー〉}{1,107,550千円〈負債(期中平均値)〉} × 100$$

$$≒ 31.60\%$$

I 付加価値率

(1) 付加価値の算定

$$付加価値 = 2,031,000千円〈完成工事高〉$$
$$- (299,200千円〈材料費〉+104,000千円〈労務外注費〉+1,056,000千円〈外注費〉)$$
$$= 571,800千円$$

(2) 付加価値率の算定

$$付加価値率(\%) = \frac{571,800千円〈付加価値〉}{2,031,000千円〈完成工事高〉} × 100$$

$$≒ 28.15\%$$

J 配当性向

$$配当性向(\%) = \frac{25,000千円〈配当金〉}{131,000千円〈当期純利益〉} × 100$$

$$≒ 19.08\%$$

問2 空欄記入問題(記号選択)

空欄を埋めると、次のような文章となる。

　安全性分析とは一般的に企業の支払能力を分析することをいうが、さらには**流動性**分析・健全性分析・資金**変動性**分析に分類することができる。

　流動性分析は、短期的な支払能力を見るための分析であるが、流動比率よりもより確実性の高い支払能力をみるためには**当座比率**を用いるが、同比率は**酸性試験**比率ともいわれており、第24期における**当座比率**は、**169.23**(*1)%である。また、**立替工事高**比率とは、すでに完成・引渡した工事をも含めた工事関連の資金立替状況を分析するものであり、この比率は低いほうが望ましい。第24期における**立替工事高**比率は、**37.98**(*2)%である。

　資金**変動性**分析では、資金のフローを示すキャッシュ・フロー計算書を作成し、これを分析に用いる。キャッシュ・フローを用いた収益性分析の一つが**完成工事高キャッシュ・フロー**率である。ここでの分子は、純キャッシュ・フローを用いる。第24期における純キャッシュ・フローは**76,900**(*3)千円であり、**完成工事高キャッシュ・フロー**率は、**3.79**(*4)%となる。

1．当座比率の算定（＊1）

  （1）当座資産の算定

$$当座資産 = 330,000千円〈現金預金〉$$
$$+ (200,000千円〈受取手形〉$$
$$+ 680,000千円〈完成工事未収入金〉 - 9,500千円〈貸倒引当金〉)$$
$$+ 140,000千円〈有価証券〉$$
$$= 1,340,500千円$$

  （2）当座比率の算定

$$当座比率(\%) = \frac{1,340,500千円〈当座資産〉}{941,100千円〈流動負債〉 - 149,000千円〈未成工事受入金〉} \times 100$$
$$\fallingdotseq 169.23\%$$

2．立替工事高比率の算定（＊2）

$$立替工事高比率(\%) = \frac{200,000千円〈受取手形〉 + 680,000千円〈完成工事未収入金〉 + 65,000千円〈未成工事支出金〉 - 149,000千円〈未成工事受入金〉}{2,031,000千円〈完成工事高〉 + 65,000千円〈未成工事支出金〉} \times 100$$
$$\fallingdotseq 37.98\%$$

3．純キャッシュ・フローの算定（＊3）

  （1）引当金増減額の算定

$$第23期末引当金合計額 = 17,000千円〈貸倒引当金(流動資産)〉$$
$$+ 20,000千円〈貸倒引当金(投資その他の資産)〉$$
$$+ 7,000千円〈完成工事補償引当金〉 + 45,000千円〈工事損失引当金〉$$
$$+ 8,000千円〈退職給付引当金〉$$
$$= 97,000千円$$

$$第24期末引当金合計額 = 9,500千円〈貸倒引当金(流動資産)〉$$
$$+ 20,000千円〈貸倒引当金(投資その他の資産)〉$$
$$+ 6,000千円〈完成工事補償引当金〉 + 33,000千円〈工事損失引当金〉$$
$$+ 8,000千円〈退職給付引当金〉$$
$$= 76,500千円$$

$$\therefore\quad 引当金減少額 = 76,500千円〈第24期末〉 - 97,000千円〈第23期末〉 = \triangle 20,500千円$$

  （2）純キャッシュ・フローの算定

$$純キャッシュ・フロー = 131,000千円〈当期純利益(税引後)〉 - 18,000千円〈法人税等調整額〉$$
$$+ 9,400千円〈当期減価償却実施額〉 - 20,500千円〈引当金減少額〉$$
$$- 25,000千円〈剰余金の配当の額〉$$
$$= 76,900千円$$

4．完成工事高キャッシュ・フロー率の算定（＊4）

$$完成工事高キャッシュ・フロー率(\%) = \frac{76,900千円〈純キャッシュ・フロー〉}{2,031,000千円〈完成工事高〉} \times 100$$
$$\fallingdotseq 3.79\%$$

第24回 解答

第1問 20点 解答にあたっては、各問とも指定した字数以内（句読点含む）で記入すること。

問1

建設業の資産の構造の特徴として、総資産に対する固定資産の構成比が他産業に比べて著しく低く、これに対応して流動資産の構成比が高い事が挙げられる。❷その主要な原因は、未成工事支出金が巨額であるためである。❷建設業では、未成工事支出金が巨額となるが、それは受注工事を前提とする請負工事によるものであるため、これに対応して未成工事受入金も巨額となる。❷そのため、総資本に対する流動負債の構成比も高く、固定負債の構成比は低くなる。❷また、総資本に対する自己資本の構成比が低く、特に資本金の構成比が低い事が挙げられる。❷

問2

建設業の収益・費用の構成の特徴として、完成工事原価の構成比が高く、なかでも外注費の構成比が高い事が挙げられる。❷建設業では、請け負った工事ごとに数多くの工事を専門とする下請業者に発注し、その下請業者に完成を依存する事が多くなるため、外注費の割合が高くなる。❷また、卸売・小売業のように販売を業としていないため、販売手数料や荷造運搬費などが比較的少なく固定資産の構成比も相対的に低い事から減価償却費も少なく、販売費及び一般管理費の構成比が低い。❸さらに社債などの固定負債の構成比が低く、金融費用が少ない。❸

第2問 15点

記号
（ア～ノ）

	1	2	3	4	5	6
	カ	ア	キ	ニ	ス	ト
	❶	❶	❶	❶	❷	❶

7	8	9	10	11
ナ	コ	セ	イ	オ
❷	❷	❶	❶	❷

第3問 20点

（A）　❹　　　1 7 7 6 0　百万円　（百万円未満を切り捨て）

（B）　❹　　　1 8 0 0 0　百万円　（　　同　　　上　　）

（C）　❹　　1 0 8 0 0 0　百万円　（　　同　　　上　　）

（D）　❹　　　　　7 4 0　百万円　（　　同　　　上　　）

立替工事高比率　　　　❹ 2 5 . 2 5　％　（小数点第3位を四捨五入し、第2位まで記入）

第4問 15点

問1　❸　　2 6 4 0 0　千円　（千円未満を切り捨て）

問2　❸　　1 5 9 1 3　千円　（　　同　　　上　　）

問3　❸　　1 8 6 1 8　千円　（　　同　　　上　　）

問4　❸　　2 9 4 0 0　千円　（　　同　　　上　　）

問5　❸　　3 8 8 0 0　千円　（　　同　　　上　　）

第5問 30点

解答

問1

A 自己資本事業利益率 ❷ | | 2 | 9 | 9 | 0 | % （小数点第3位を四捨五入し、第2位まで記入）

B 当座比率 ❷ 1 | 7 | 5 | 0 | 4 % （ 同 上 ）

C 付加価値率 ❷ | 1 | 7 | 0 | 1 % （ 同 上 ）

D 経営資本回転率 ❷ | | 1 | 4 | 2 回 （ 同 上 ）

E 運転資本保有月数 ❷ | | 3 | 2 | 6 月 （ 同 上 ）

F 完成工事高増減率 ❷ | | 0 | 3 | 4 % （ 同 上 ）

G 借入金依存度 ❷ | 1 | 9 | 3 | 9 % （ 同 上 ）

H 完成工事高キャッシュ・フロー率 ❷ | | 4 | 6 | 3 % （ 同 上 ）

I 支払勘定回転率 ❷ | | 3 | 8 | 5 回 （ 同 上 ）

J 純支払利息比率 ❷ | | 0 | 1 | 5 % （ 同 上 ）

問2 記号（ア～ハ）

1	2	3	4	5	6	7	8
エ	カ	イ	ク	セ	サ	ノ	ナ
❶	❶	❶	❶	❶	❶	❷	❷

別解 4：オ

●数字…予想配点

第1問 ● 理論記述問題

建設業の財務構造の特徴についての理論記述問題である。

問1　建設業における貸借対照表の資産・負債及び資本の構造の特徴について

(1)　資産の構造の特徴

・総資産に対する固定資産の構成比が他産業に比べて著しく低く、流動資産の構成比が高い

　　これは、未成工事支出金が巨額となるためであり、受注工事を前提とする請負工事によるものである。

　　また、固定資産の構成比が低いということは、その効率性が良好であることを示してはいるが、他方、労働装備率の低いことを示しているわけであり、生産性分析上の課題があるといえよう。

(2)　負債の構造の特徴

・総資本に対する固定負債の構成比が低く、流動負債の構成比が高い

　　これは、受注工事を前提とする請負工事により、未成工事支出金が巨額となることに対応し、未成工事受入金も巨額となるからである。

　　このような財務構造の特徴からして、未成工事支出金と未成工事受入金との関係比率である未成工事収支比率が合理的な値であるか否かが、特に重要な分析事項となる。

　　また、固定負債の構成比が低いということは、固定負債の額が少なく望ましい状況であるかのように見えるが、固定資産との関係において、流動負債が固定資産へ投資されることになり、これが財政上の弱さとなってしまう危険性がある。

　　その意味で、固定資産と固定負債との関係比率である固定長期適合比率などに注意されねばならないと解される。

(3)　資本の構造の特徴

・総資本に対する自己資本の構成比が低く、特に資本金の構成比が低い

　　資本金は、企業の成立基盤として、もっとも重要な資金源泉であり、その構成比は大きいほうが望ましいので、資本金の構成比が低いということは、財政的基盤の弱さを物語っているとみなされる。

問2　建設業における損益計算書の収益・費用の構成の特徴について

(1)　建設業の収益・費用の特徴

・完成工事原価の構成比が高く、なかでも外注費の構成比が高い

　　建設業では、請け負った工事ごとに数多くの工事を専門とする下請業者に発注し、その下請業者に工事の完成を依存することが多くなる。

　　このため、完成工事原価のうち、もっとも巨額を占めるのが外注費となり、完成工事原価の構成比も高くなる。

- 販売費及び一般管理費が相対的に少なく、なかでも減価償却費等が少ないため、販売費及び一般管理費の構成比が低い

　建設業は、卸売・小売業のように販売を専業としていないため、販売手数料や荷造運搬費等が比較的少なく、また、製造業に比して固定資産への投資が少ないため減価償却費も比較的少なくなり、その結果、販売費及び一般管理費が相対的に少なくなる。

　このため、販売費及び一般管理費の構成比は低くなる。

- 財務構造との関連から支払利息等が少ないため、支払利息等の構成比が低い

　建設業の財務構造の特徴として、社債、長期借入金等の固定負債が少ないことから、これらに関連する財務費用である金融費用（支払利息・割引料等）が少なくなる。

　このため、支払利息等の構成比は低くなる。

第2問 ● 空欄記入問題（記号選択）

空欄を埋めると、次のような文章となる。

　財務分析における**収益性**分析は、投下資本とそれから獲得した利益との比率を考察する**資本利益率**分析によってまとめられる。分母である資本と分子である利益には様々なものがあるため、組み合わせによって多様な**資本利益率**がある。

　出資者の見地から投下資本の**収益性**を判断するための指標である**自己資本利益率**は、ＲＯＥとも呼ばれ、トップ・マネジメント評価の重要な指標として活用されている。この比率の分子すなわち利益としては、一般に**税引後当期純利益**が用いられる。**自己資本利益率**はデュポンシステムと呼ばれる次の式によって分析することができる。

　自己資本利益率＝売上高利益率×総資本回転率÷自己資本比率

　活動性の指標である**総資本回転率**は、年間の完成工事高を総資本の期中平均額で除したものである。一方、**自己資本比率**の逆数は、資本乗数または**財務レバレッジ**とも呼ばれ、この比率が高いことは他人資本依存度が高く**健全性**が低いことを意味する。

　他にも、本来の営業活動に投下された資本に対する**収益性**を表す比率として、**経営資本利益率**があり、分子としては、**営業利益**を用いることが最も適切である。

収益性分析についての空欄記入問題（記号選択）である。

収益性分析とは、企業利益の稼得状態を分析することをいい、かかる分析によって損益の状況を把握し、それに基づいた改善を加えることによってこそ、将来の利益の増大もまた可能になるのである。

財務分析の中核概念である収益性は、次の2つの観点から分析される。

1．各種の利益額の測定とその推移
2．投資（資本）、完成工事高等に対する利益の割合（利益率）

収益性は、一定期間に稼得した利益の額やその推移で表現することもできるが、経営分析としては、利益とその他の関係諸項目とからなる各種の比率によって示されることが多い。

この諸比率のうち、もっとも基本的なものが資本利益率であり、それは、一定期間に稼得した利益額と投下した資本との比率を意味しており、これを算式によって示すと次のようになる。

$$資本利益率(\%) = \frac{利益}{資本(期中平均値)} \times 100$$

　分母としてどのような資本を用いるか、そして、それにどのような利益を関係づけるかによってさまざまな比率を算定することができる。

　分母の資本としては、総資本、経営資本、自己資本、資本金などが挙げられる。

　分子の利益としては、完成工事総利益、営業利益、事業利益、経常利益、税引前当期純利益、当期純利益などが挙げられる。

　このうち、出資者の見地から投下資本の収益性を判断するための指標は、自己資本利益率である。

　自己資本利益率とは、自己資本に対する利益の割合をいい、企業資本の出資者たる資本主、株式会社における株主に対する企業の貢献度をあらわしており、これを算式によって示すと次のようになる。

$$自己資本利益率(\%) = \frac{利益}{自己資本(期中平均値)} \times 100$$

　証券市場では、株式会社の株主持分に対する企業活動の成果を示すこの自己資本利益率を、株主資本利益率（ＲＯＥ，Return on Equity）と呼んで、トップ・マネジメント評価の重要な指標として活用している。

　この自己資本利益率の分子の利益は、一般に、自己資本に対する理論的な成果報酬を示す（税引後）当期純利益が用いられる。

　なお、自己資本利益率は、総資本利益率と異なり、自己資本比率や他人資本利子率によって大きく影響を受けることから、デュポンシステムと呼ばれる次の算式に分解して分析することがある。

　デュポンシステムとは、自己資本利益率を3つの要素（売上高利益率、総資本回転率、自己資本比率）に分解し、それぞれの要素を改善することにより、自己資本利益率の向上へとつなげるためのものである。

$$自己資本利益率 = 売上高利益率 \times 総資本回転率 \div 自己資本比率$$
$$自己資本利益率(\%) = \frac{利\ 益}{売上高} \times \frac{売上高}{総資本} \div \frac{自己資本}{総\ 資\ 本}$$
期中平均値

　または、

$$自己資本利益率 = 売上高利益率 \times 総資本回転率 \times 財務レバレッジ$$
$$自己資本利益率(\%) = \frac{利\ 益}{売上高} \times \frac{売上高}{総資本} \times \frac{総\ 資\ 本}{自己資本}$$
期中平均値

　財務レバレッジ（資本乗数）は、自己資本比率の逆数であり、この比率が高いということは、自己資本比率が低く、他人資本依存度が高いことを示しており、健全性が低いことを意味している。

　上記算式から、自己資本利益率は、自己資本比率または財務レバレッジの値により大きく影響を受け、自己資本比率が高いまたは財務レバレッジが低いと、自己資本利益率が低くなるという関係にある。

その他、本来の営業活動に投下された資本に対する収益性を表す指標は、経営資本利益率である。

経営資本利益率とは、経営資本に対する利益の割合をいい、企業本来の営業活動の収益性を示すものである。

経営資本とは、企業の総資本のうち営業活動に直接使用している部分をいい、総資産額（総資本額）から営業活動に直接使用していない資産である建設仮勘定、未稼働資産、投資資産、繰延資産、その他営業活動に直接使用していない資産（本試験において、貸借対照表の資産の部・流動資産に計上されている繰延税金資産）を控除して算定される。

経営資本が営業活動に直接使用している部分であることから、経営資本利益率は分子の利益に営業利益を用いるべきであり、通常、経営資本営業利益率を示していると考えられ、これを算式によって示すと次のようになる。

$$経営資本営業利益率(\%) = \frac{営業利益}{経営資本（期中平均値）} \times 100$$

■ 第3問 ● 財務諸表項目（一部）の推定と立替工事高比率の算定問題

1．現金預金（A）の算定

（1）自己資本の算定

$$150.00\%〈負債比率〉 = \frac{90,000百万円〈負債〉}{自己資本} \times 100$$

∴　自己資本＝60,000百万円

（2）総資本の算定

総資本＝90,000百万円〈負債〉＋60,000百万円〈自己資本〉＝150,000百万円（＝総資産）

（3）完成工事高の算定

$$0.96回〈総資本回転率〉 = \frac{完成工事高}{150,000百万円〈総資本〉}$$

∴　完成工事高＝144,000百万円

（4）現金預金（A）の算定

$$1.48月〈現金預金手持月数〉 = \frac{現金預金（A）}{144,000百万円〈完成工事高〉 \div 12}$$

∴　現金預金（A）＝**17,760百万円**

2．未成工事受入金（B）の算定

（1）流動資産の算定

150,000百万円〈総資産〉＝流動資産＋71,250百万円〈固定資産〉

∴　流動資産＝78,750百万円

（2）固定負債の算定

$$75.00\%〈固定長期適合比率〉 = \frac{71,250百万円〈固定資産〉}{固定負債＋60,000百万円〈自己資本〉} \times 100$$

∴　固定負債＝35,000百万円

（3）流動負債の算定

90,000百万円〈負債〉＝流動負債＋35,000百万円〈固定負債〉

∴　流動負債＝55,000百万円

(4) 未成工事受入金（B）の算定

$$145.00\%\langle流動比率\rangle=\frac{78,750百万円\langle流動資産\rangle-25,100百万円\langle未成工事支出金\rangle}{55,000百万円\langle流動負債\rangle-\text{未成工事受入金（B）}}\times100$$

∴ 未成工事受入金（B）＝**18,000百万円**

3. 完成工事原価（C）の算定

(1) 営業利益の算定

$$9.20倍\langle金利負担能力\rangle=\frac{\text{営業利益}+880百万円\langle受取利息配当金\rangle}{900百万円\langle支払利息\rangle}$$

∴ 営業利益＝7,400百万円

(2) 完成工事総利益の算定

$$7,400百万円\langle営業利益\rangle=\text{完成工事総利益}-28,600百万円\langle販売費及び一般管理費\rangle$$

∴ 完成工事総利益＝36,000百万円

(3) 完成工事原価（C）の算定

$$36,000百万円\langle完成工事総利益\rangle=144,000百万円\langle完成工事高\rangle-\text{完成工事原価（C）}$$

∴ 完成工事原価（C）＝**108,000百万円**

4. 営業外収益・その他（D）の算定

(1) 経常利益の算定

$$4.98\%\langle総資本経常利益率\rangle=\frac{\text{経常利益}}{150,000百万円\langle総資本\rangle}\times100$$

∴ 経常利益＝7,470百万円

(2) 営業外収益・その他（D）の算定

$$7,470百万円\langle経常利益\rangle=7,400百万円\langle営業利益\rangle+880百万円\langle受取利息配当金\rangle$$
$$+\text{営業外収益・その他（D）}-900百万円\langle支払利息\rangle-650百万円\langle営業外費用・その他\rangle$$

∴ 営業外収益・その他（D）＝**740百万円**

5. 立替工事高比率の算定

(1) 完成工事未収入金の算定

$$78,750百万円\langle流動資産\rangle=17,760百万円\langle現金預金（A）\rangle+7,300百万円\langle受取手形\rangle$$
$$+\text{完成工事未収入金}+25,100百万円\langle未成工事支出金\rangle$$
$$+290百万円\langle材料貯蔵品\rangle$$

∴ 完成工事未収入金＝28,300百万円

(2) 立替工事高比率の算定

立替工事高比率（％）

$$=\frac{7,300百万円\langle受取手形\rangle+28,300百万円\langle完成工事未収入金\rangle+25,100百万円\langle未成工事支出金\rangle-18,000百万円\langle未成工事受入金（B）\rangle}{144,000百万円\langle完成工事高\rangle+25,100百万円\langle未成工事支出金\rangle}\times100$$

≒**25.25％**

▶第4問 ● 損益分岐点分析に関する諸項目の算定問題

問1 損益分岐点完成工事高の算定

$$1.085\langle安全余裕率\rangle=\frac{28,644,000円\langle完成工事高\rangle}{\text{損益分岐点完成工事高}}$$

∴ 損益分岐点完成工事高＝**26,400千円**

問2　資本回収点完成工事高の算定

(1) 総資本の算定

$$1.2回〈総資本回転率〉 = \frac{28,644,000円〈完成工事高〉}{総資本}$$

∴　総資本＝23,870,000円

(2) 変動的資本、固定的資本の算定

変動的資本＝23,870,000円〈総資本〉×75％〈変動的資本率〉

＝17,902,500円

固定的資本＝23,870,000円〈総資本〉－17,902,500円〈変動的資本〉

＝5,967,500円

(3) 資本回収点完成工事高の算定

$$資本回収点完成工事高 = \frac{5,967,500円〈固定的資本〉}{1 - \dfrac{17,902,500円〈変動的資本〉}{28,644,000円〈完成工事高〉}}$$

≒**15,913千円**

問3　第5期変動費の算定

(1) 損益分岐点完成工事高における変動費の算定

変動費＝26,400,000円〈損益分岐点完成工事高〉－9,240,000円〈固定費〉

＝17,160,000円

(2) 変動費率の算定

$$変動費率 = \frac{17,160,000円〈変動費〉}{26,400,000円〈損益分岐点完成工事高〉}$$

＝0.65

(3) 第5期変動費の算定

第5期変動費＝28,644,000円×0.65

≒**18,618千円**

問4　目標利益を1,050,000円としたときの完成工事高の算定

(1) 限界利益率の算定

限界利益率＝1－0.65〈変動費率〉

＝0.35

(2) 目標利益を1,050,000円としたときの完成工事高

$$完成工事高 = \frac{9,240,000円〈固定費〉 + 1,050,000円〈目標利益〉}{0.35〈限界利益率〉}$$

＝**29,400千円**

問5　第7期完成工事高の算定

(1) 第7期固定費の算定

固定費＝9,240,000円＋460,000円＝9,700,000円

(2) 第7期完成工事高（S）の算定

完成工事高をSとおいて、以下の式を解く。

S〈完成工事高〉－0.65S〈変動費率〉－9,700,000円〈固定費〉＝0.1S〈営業利益〉

∴　S＝**38,800千円**

第5問 ● 諸比率の算定問題および空欄記入問題（記号選択）

問1 諸比率の算定問題

A　自己資本事業利益率

（1）　自己資本（期中平均値）の算定

　　　自己資本(期中平均値)＝(867,000千円〈第24期末自己資本〉

　　　　　　　　　　　　　　　＋1,019,000千円〈第25期末自己資本〉)÷2

　　　　　　　　　　　　　　＝943,000千円

（2）　事業利益の算定

　　　支払利息＝2,800千円〈支払利息〉＋4,000千円〈社債利息〉

　　　　　　　＝6,800千円

　　　事業利益＝275,200千円〈経常利益〉＋6,800千円〈支払利息〉

　　　　　　　＝282,000千円

（3）　自己資本事業利益率の算定

　　　自己資本事業利益率(％)＝$\dfrac{282,000千円〈事業利益〉}{943,000千円〈自己資本(期中平均値)〉}$×100

　　　　　　　　　　　　　　≒**29.90％**

B　当座比率

（1）　当座資産の算定

　　　当座資産＝539,000千円〈現金預金〉

　　　　　　　＋(370,000千円〈受取手形〉

　　　　　　　　＋1,074,000千円〈完成工事未収入金〉－21,000千円〈貸倒引当金(流動資産)〉)

　　　　　　　＋145,000千円〈有価証券〉

　　　　　　＝2,107,000千円

（2）　当座比率の算定

　　　当座比率(％)＝$\dfrac{2,107,000千円〈当座資産〉}{1,341,700千円〈流動負債〉－138,000千円〈未成工事受入金〉}$×100

　　　　　　　　　≒**175.04％**

C　付加価値率

（1）　付加価値の算定

　　　付加価値＝3,448,800千円〈完成工事高〉

　　　　　　　－(487,000千円〈材料費〉＋279,000千円〈労務外注費〉＋2,096,000千円〈外注費〉)

　　　　　　＝586,800千円

（2）　付加価値率の算定

　　　付加価値率(％)＝$\dfrac{586,800千円〈付加価値〉}{3,448,800千円〈完成工事高〉}$×100

　　　　　　　　　　≒**17.01％**

D　経営資本回転率

（1）　経営資本（期中平均値）の算定

　　　第24期末経営資本＝2,526,200千円〈総資本〉

　　　　　　　　　　　　－(2,000千円〈建設仮勘定〉＋254,100千円〈投資その他の資産〉

　　　　　　　　　　　　　＋63,000千円〈繰延税金資産(流動資産)〉)

　　　　　　　　　　　＝2,207,100千円

$$第25期末経営資本＝2,924,700千円〈総資本〉$$
$$-（5,000千円〈建設仮勘定〉＋224,600千円〈投資その他の資産〉$$
$$＋60,000千円〈繰延税金資産（流動資産）〉）$$
$$＝2,635,100千円$$

$$経営資本（期中平均値）＝（2,207,100千円〈第24期末〉＋2,635,100千円〈第25期末〉）÷2$$
$$＝2,421,100千円$$

（2） 経営資本回転率の算定

$$経営資本回転率（回）＝\frac{3,448,800千円〈完成工事高〉}{2,421,100千円〈経営資本（期中平均値）〉}$$
$$≒1.42回$$

E　運転資本保有月数

$$運転資本保有月数（月）＝\frac{2,278,600千円〈流動資産〉-1,341,700千円〈流動負債〉}{3,448,800千円〈完成工事高〉÷12}$$
$$≒3.26月$$

F　完成工事高増減率

$$完成工事高増減率（％）＝\frac{3,448,800千円〈第25期完成工事高〉-3,437,000千円〈第24期完成工事高〉}{3,437,000千円〈第24期完成工事高〉}×100$$
$$≒0.34％$$

G　借入金依存度

$$借入金依存度（％）＝\frac{125,000千円〈短期借入金〉＋12,000千円〈一年内償還の社債〉＋30,000千円〈長期借入金〉＋400,000千円〈社債〉}{2,924,700千円〈総資本〉}×100$$
$$≒19.39％$$

H　完成工事高キャッシュ・フロー率

（1） 純キャッシュ・フローの算定

① 引当金増減額の算定

$$第24期末引当金合計額＝22,000千円〈貸倒引当金（流動資産）〉$$
$$＋17,000千円〈貸倒引当金（投資その他の資産）〉$$
$$＋12,000千円〈完成工事補償引当金〉＋56,000千円〈工事損失引当金〉$$
$$＋13,000千円〈退職給付引当金〉$$
$$＝120,000千円$$

$$第25期末引当金合計額＝21,000千円〈貸倒引当金（流動資産）〉$$
$$＋16,000千円〈貸倒引当金（投資その他の資産）〉$$
$$＋13,800千円〈完成工事補償引当金〉＋57,000千円〈工事損失引当金〉$$
$$＋14,000千円〈退職給付引当金〉$$
$$＝121,800千円$$

$$∴　引当金増加額＝121,800千円〈第25期末〉-120,000千円〈第24期末〉$$
$$＝1,800千円$$

② 純キャッシュ・フローの算定

$$純キャッシュ・フロー＝187,400千円〈当期純利益（税引後）〉＋3,000千円〈法人税等調整額〉$$
$$＋10,500千円〈当期減価償却実施額〉＋1,800千円〈引当金増加額〉$$
$$-43,000千円〈剰余金の配当の額〉$$
$$＝159,700千円$$

(2) 完成工事高キャッシュ・フロー率の算定

$$完成工事高キャッシュ・フロー率(\%) = \frac{159,700千円〈純キャッシュ・フロー〉}{3,448,800千円〈完成工事高〉} \times 100$$
$$≒ \mathbf{4.63\%}$$

I 支払勘定回転率

(1) 支払勘定(期中平均値)の算定

第24期末支払勘定 = 340,000千円〈支払手形〉+ 556,000千円〈工事未払金〉
= 896,000千円

第25期末支払勘定 = 385,000千円〈支払手形〉+ 512,000千円〈工事未払金〉
= 897,000千円

支払勘定(期中平均値) = (896,000千円〈第24期末〉+ 897,000千円〈第25期末〉) ÷ 2
= 896,500千円

(2) 支払勘定回転率の算定

$$支払勘定回転率(回) = \frac{3,448,800千円〈完成工事高〉}{896,500千円〈支払勘定(期中平均値)〉}$$
$$≒ \mathbf{3.85回}$$

J 純支払利息比率

(1) 受取利息及び配当金の算定

受取利息及び配当金 = 400千円〈受取利息〉+ 1,100千円〈受取配当金〉
= 1,500千円

(2) 純支払利息比率の算定

$$純支払利息比率(\%) = \frac{6,800千円〈支払利息〉- 1,500千円〈受取利息及び配当金〉}{3,448,800千円〈完成工事高〉} \times 100$$
$$≒ \mathbf{0.15\%}$$

問2 空欄記入問題（記号選択）

空欄を埋めると、次のような文章となる。

　　生産性の指標は、企業の生産効率の測定に有効であるが、同時に、活動成果の配分が合理的に実施されたかの判断にも利用されている。生産性分析の中心概念であるのが**付加価値**であり、計算方法としては控除法と加算法がある。

　　投下資本がどれほど生産性に貢献したかという生産的効率を意味するものが**資本生産性**である。この**資本生産性**分析における分母は、固定資産や有形固定資産の金額を使用することが多いが、この中には**建設仮勘定**等は除外されるべきである。他方、従業員1人当たりが生み出した**付加価値**を示すものが、**労働生産性**である。この**労働生産性**は、3つの要因、すなわち、従業員1人当たりの生産設備への投資額を示す**労働装備率**、完成工事高に占める**付加価値**の割合を示す付加価値率、そして活動性分析の指標でもある**有形固定資産回転率**に分解して分析することができる。第25期における**労働装備率**および**有形固定資産回転率**は、それぞれ**9,690.48**（＊1）千円、**8.47**（＊2）回である。

解答への道

1．労働装備率の算定（＊1）

（1）　有形固定資産－建設仮勘定（期中平均値）の算定

　　　第24期末有形固定資産－建設仮勘定＝404,000千円〈有形固定資産〉－2,000千円〈建設仮勘定〉

　　　　　　　　　　　　　　　　　　＝402,000千円

　　　第25期末有形固定資産－建設仮勘定＝417,000千円〈有形固定資産〉－5,000千円〈建設仮勘定〉

　　　　　　　　　　　　　　　　　　＝412,000千円

　　　有形固定資産－建設仮勘定（期中平均値）＝（402,000千円〈第24期末〉

　　　　　　　　　　　　　　　　　　　　　　　　＋412,000千円〈第25期末〉）÷2

　　　　　　　　　　　　　　　　　　　　　＝407,000千円

（2）　総職員数（期中平均値）の算定

　　　総職員数（期中平均値）＝（41人〈第24期末〉＋43人〈第25期末〉）÷2

　　　　　　　　　　　　　　＝42人

（3）　労働装備率の算定

　　　労働装備率（千円）＝ $\dfrac{407,000千円〈有形固定資産－建設仮勘定（期中平均値）〉}{42人〈総職員数（期中平均値）〉}$

　　　　　　　≒**9,690.48千円**

2．有形固定資産回転率の算定（＊2）

　　　有形固定資産回転率（回）＝ $\dfrac{3,448,800千円〈完成工事高〉}{407,000千円〈有形固定資産－建設仮勘定（期中平均値）〉}$

　　　　　　　≒**8.47回**

第24回

第1問 20点　解答にあたっては、各問とも指定した字数以内（句読点含む）で記入すること。

問1

										10									20					25

審査項目の経営規模（X2）の具体的な審査内容に挙げ
られている利益は、利払前税引前償却前利益である。❹当
該利益は一般的に「税引前当期純利益＋支払利息＋減価
償却費」の算式で求められる。❸経営事項審査では、「営
業利益＋減価償却実施額」として算出し、ここでいう減
価償却実施額とは、当期の減価償却手続により計上した
減価償却費の総額であり、売上原価、販売費及び一般管
理費等、棚卸資産に算入した減価償却費の合計をいう。❸

問2

審査項目の経営状況（Y）の具体的な指標として純支払
利息比率、売上高経常利益率及び自己資本比率が挙げら
れる。❹純支払利息比率は、借入金等の有利子負債により
生じる支払利息から、貸付金を含めた金融資産から生じ
る受取利息及び配当金を差し引いた純金利の負担が、売
上高に対してどの程度であるかを測るものであり、数値
は低いほど望ましいものである。❷売上高経常利益率は、
金融収支などを含めた企業の経常的な収益力が、売上高
に対してどの程度であるかを算定するものであり、数値
は高いほど望ましいものである。❷自己資本比率は、総資
本に占める自己資本の割合を示し、とりわけ資本の蓄積
度合を示しており、数値は高いほど望ましいといえる。❷

第2問 15点

記号
（ア〜ハ）

1	2	3	4	5
ア	オ	コ	ノ	ハ
❶	❶	❷	❷	❶

6	7	8	9
ウ	チ	ス	シ
❷	❷	❷	❷

第3問 20点

（A）　❹ 2 4 0 0 0　百万円　（百万円未満を切り捨て）

（B）　❹ 　 8 0 0　百万円　（　　同　　　上　　）

（C）　❹ 4 4 8 0 0　百万円　（　　同　　　上　　）

（D）　❹ 　 2 5 9　百万円　（　　同　　　上　　）

支払勘定回転率　❹ 8 . 1 1　回　（小数点第3位を四捨五入し、第2位まで記入）

第4問 15点

問1　❹ 2 7 . 3 0　％　（小数点第3位を四捨五入し、第2位まで記入）

問2　❹ 2 0 8 5 2　千円　（千円未満を切り捨て）

問3　❸ 8 3 . 2 6　％　（小数点第3位を四捨五入し、第2位まで記入）

問4　❹ 1 . 3 5　回　（　　同　　　上　　）

第25回

111

問1

				答		
A	総資本経常利益率	❷	1 . 4 3	%	（小数点第3位を四捨五入し、第2位まで記入）
B	立替工事高比率	❷	4 5 . 7 2	%	（　同　　　　上　　）
C	付加価値対固定資産比率	❷	1 1 0 . 1 4	%	（　同　　　　上　　）
D	棚卸資産回転率	❷	3 1 . 0 5	回	（　同　　　　上　　）
E	営業キャッシュ・フロー対流動負債比率	❷	1 5 . 9 0	%	（　同　　　　上　　）
F	営業利益増減率	❷	5 6 . 8 2	%	（　同　　　　上　　）　記号（AまたはB）　B
G	有利子負債月商倍率	❷	2 . 3 1	月	（　同　　　　上　　）
H	未成工事収支比率	❷	1 7 9 . 6 1	%	（　同　　　　上　　）
I	配当率	❷	1 . 8 8	%	（　同　　　　上　　）
J	資本集約度	❷	3 8 3 1 7	千円	（千円未満を切り捨て）

問2　記号（ア～ル）

1	2	3	4	5	6	7	8	9	10	
カ	エ	イ	ル	ホ	ア	セ	ナ	チ	モ	各❶

●数字…予想配点

112

第25回 解答への道　問題 18

第1問 ● 理論記述問題

建設業における「経営事項審査」についての記述問題である。

　建設業においては、公共事業への入札参加に際し、企業体質に関する客観的な経営事項に関する審査が義務付けられ、一般に「経審」と呼ばれている。

　公共工事の発注者にとって、適切かつ優良な建設業者の選定には、経営状況に関する適切な評価が必要である。

　そこで、経営事項審査を実施し、ごく一般的な財務分析手法により企業経営状況の判定を行い、これらの結果の点数化によって総合評価のデータとし、企業ランキングを行っている。

【具体的な審査内容】
- 経営規模（X1）：① 建設工事の種類別完成工事高
- 経営規模（X2）：① 自己資本　② 利払前税引前償却前利益
- 経営状況（Y）：① 純支払利息比率　② 負債回転期間
  - ③ 総資本売上総利益率　④ 売上高経常利益率
  - ⑤ 自己資本対固定資産比率　⑥ 自己資本比率
  - ⑦ 営業キャッシュ・フロー　⑧ 利益剰余金
- 技術力（Z）：① 建設業の種類別技術職員の数
  - ② 建設工事の種類別元請完成工事高
- 社会性等（W）：① 労働福祉の状況　② 建設業の営業年数
  - ③ 民事再生法又は会社更生法の適用の有無
  - ④ 防災協定締結の有無　⑤ 法令遵守の状況
  - ⑥ 監査の受審状況　⑦ 公認会計士等の数
  - ⑧ 研究開発の状況　⑨ 建設機械の保有状況
  - ⑩ 国際標準化機構が定めた規格による登録状況

問1　審査項目の経営規模（X2）の具体的な審査内容に挙げられている利益について

　審査項目の経営規模（X2）の具体的な審査内容に挙げられている利益は、利払前税引前償却前利益であり、通常はEBITDAといわれるものである。

　一般的な算式は、次のようになる。

> 利払前税引前償却前利益（EBITDA）＝税引前当期純利益＋支払利息＋減価償却費

経営事項審査における算式は、次のようになる。

> 利払前税引前償却前利益＝営業利益＋減価償却実施額

ここでいう減価償却実施額とは、当期の減価償却手続により計上した減価償却費の総額であり、これを算式によって示すと次のようになる。

減価償却実施額＝売上原価＋販売費及び一般管理費＋棚卸資産
　　　　　　　　これらに算入された減価償却費の合計額

　なお、利払前税引前償却前利益の審査上、直近２期の平均値が用いられる。

問2　審査項目の経営状況（Y）の具体的な指標について

　審査項目の経営状況（Y）の具体的な指標（審査内容）は、純支払利息比率、負債回転期間、総資本売上総利益率、売上高経常利益率、自己資本対固定資産比率、自己資本比率、営業キャッシュ・フロー、利益剰余金がある。

　純支払利息比率とは、完成工事高に対する純支払利息の割合をいい、完成工事高で純支払利息をどの程度まかなっているかを示すものであり、その数値は低いほど好ましいものである。
　純支払利息は、支払利息から受取利息及び配当金を控除したものであり、純支払利息比率を算式によって示すと次のようになる。

$$純支払利息比率(\%) = \frac{支払利息 － 受取利息及び配当金}{完成工事高} \times 100$$

　負債回転期間とは、１ヵ月当たりの完成工事高に対する負債総額の割合をいい、何ヵ月分の完成工事高に相当する負債があるかを示しており、その数値は低いほど好ましいものである。
　これを算式によって示すと次のようになる。

$$負債回転期間(月) = \frac{流動負債 ＋ 固定負債}{完成工事高 \div 12}$$

　総資本売上総利益率とは、総資本に対する売上総利益の割合をいい、企業がすべての経営活動に投下した資本に対して、売上（完成工事高）から売上原価（完成工事原価）を差し引いた粗利がどの程度であるかを算定するものであり、数値は高いほど好ましいものである。
　これを算式によって示すと次のようになる。

$$総資本売上総利益率(\%) = \frac{売上総利益}{総資本（期中平均値）} \times 100$$

　売上高経常利益率とは、売上高（完成工事高）に対する経常利益の割合をいい、購入、施工、販売など企業本来の営業活動および財務活動による収益性を示すものであり、数値は高いほど好ましいものである。
　これを算式によって示すと次のようになる。

$$売上高経常利益率(\%) = \frac{経常利益}{売上高（完成工事高）} \times 100$$

　自己資本対固定資産比率とは、固定資産に対する自己資本の割合をいい、固定資産に投下された資本がどの程度自己資本で賄われているかを表す指標であり、数値は高いほど好ましいものである。
　この指標は固定比率の逆数であり、算式によって示すと次のようになる。

114

$$自己資本対固定資産比率（\%）＝\frac{自己資本}{固定資産}×100$$

　自己資本比率とは、総資本に対する自己資本の割合をいい、自己資本の蓄積度合いを示すものであり、数値は高いほど好ましいものである。

　これを算式によって示すと次のようになる。

$$自己資本比率（\%）＝\frac{自己資本}{総資本}×100$$

　営業キャッシュ・フローとは、企業が営業活動によって獲得した資金のことをいい、数値は高いほど好ましいものである。

　営業キャッシュ・フローは、キャッシュ・フロー計算書の「営業活動によるキャッシュ・フロー」の数値を使用し、直近2期の平均値により審査されるが、キャッシュ・フロー計算書を作成していない場合には、次のように算定する。

> 営業キャッシュ・フロー＝経常利益＋減価償却実施額－法人税等＋貸倒引当金増加額
> 　　　　　　　　　　　　－売掛債権増加額＋仕入債務増加額－棚卸資産増加額
> 　　　　　　　　　　　　＋未成工事受入金増加額

　利益剰余金とは、自己資本のうち企業が毎事業年度で得た利益を内部に積み立てたものをいい、貸借対照表の純資産の部における利益剰余金として表示される。

　この利益剰余金は、余裕資金の多寡を示すものであり、直近2期の平均値により審査され、数値は高いほど好ましいものである。

第2問 ● 空欄記入問題（記号選択）

空欄を埋めると、次のような文章となる。

> 　損益分岐点分析では、経営能力の保持に関して発生するコストである**固定費**と経営活動の遂行とともに発生するコストである**変動費**に分解される。**固定費**と**変動費**に分解する具体的な方法には、いくつかのものがある。二つの異なった稼働水準における費用額を測定して、その差額の推移から**固定費**部分と**変動費**部分を区分する方法を**高低2点法**という。また、**最小自乗法**とは、過去の実績データに数学的処理を加え、それに基づいて総費用線を引く方法をいう。
> 　損益分岐点とは、利益も損失も発生しない点であり、**固定費**を限界利益率で除した数値が**損益分岐点売上高**となる。また、固定費を単位当たり**限界利益**で除することによって損益分岐点販売量を計算することもできる。**損益分岐点売上高**と予算や実績の売上高の離れ具合を示す比率を**安全余裕率**といい、これは次のような算式によって求められる。すなわち、**安全余裕率**＝売上高÷**損益分岐点売上高**×100である。
> 　建設業の分析では、資金調達の重要性を加味した**経常利益**段階で損益分岐点分析を行うことを慣行としている。したがって、**固定費**に支払利息を加え、工事原価の他に**経常利益**の範囲内におけるその他の費用を**変動費**に加えている。

損益分岐点分析についての空欄記入問題（記号選択）である。

　損益分岐点分析とは、ＣＶＰ分析 ｛Cost（原価）、Volume（営業量：主に完成工事高）および Profit（利益）の相関関係を分析することをいう。｝ の中心的な技法であり収益と費用とが等しく利益がゼロとなる分岐点などの均衡点を求める分析手法をいう。

　これにより、企業の利益獲得能力を知ることができ、短期利益計画に役立てることができることから、一般的には、収益性分析に属するものであると考えられている。

　建設業では、建設業者が発注者から個別に建設工事を受注するのが原則（受注請負生産業）であるという特徴があるので、損益分岐点分析を行う場合、受注しなくても発生する費用を固定費（販売費及び一般管理費）、工事の遂行に付随して発生する費用を変動費（完成工事原価）と考える。

　さらに、資金調達の重要性を加味し、経常利益段階での損益分岐点分析を行う慣行があるので、固定費に支払利息を加える。

　また、経常利益の計算過程にある営業外損益を加味して損益分岐点分析を行うことから、支払利息以外の営業外費用は、営業外収益で賄えない部分について変動費に加える。

　よって、固定費・変動費を以下のように区分する。

> ・固定費：操業度の増減にかかわらず一定額発生する費用（減価償却費など）
> キャパシティ・コスト

これを算式によって示すと次のようになる。

$$固定費＝販売費及び一般管理費＋支払利息$$

> ・変動費：操業度の増減に比例して変動する費用（材料費など）
> アクティビティ・コスト

これを算式によって示すと次のようになる。

$$変動費＝完成工事原価＋営業外費用－支払利息－営業外収益$$
支払利息以外の営業外費用で営業外収益で賄えない部分

　建設業における固定費・変動費の分解方法としては、高低２点法や最小自乗法等が挙げられる。

　高低２点法とは、２つの異なる操業度とそれぞれの場合における費用を比較し、その差額の推移から、費用を変動費と固定費とに分解する方法をいう。

　最小自乗法とは、過去の操業度と費用の実績データに数学的な処理を加えることにより、費用を変動費と固定費に分解する方法であり、それに基づいて総費用線を引くものである。

　損益分岐点とは、一定期間の売上高（完成工事高）と当該期間の原価（完成工事原価）あるいは費用が同額となる点であるから、すなわち利益も損失も発生しない点のことをいう。

　よって、建設業における損益分岐点は、次のような算式を満たす均衡点をいう。

$$売上高（完成工事高）＝売上原価（完成工事原価）＋販売費及び一般管理費その他関係費用$$
変動費と固定費の合計額

解答への道

第25回

収益と費用が等しく、利益がゼロとなる分岐点が損益分岐点であることから、限界利益と固定費が等しくなる点でもあり、算式で示すと次のようになる。

$$売上（完成工事高）－変動費－固定費＝0$$
$$\underbrace{売上（完成工事高）－変動費}_{限界利益}$$
$$\therefore\quad 限界利益＝固定費$$

限界利益率とは、売上高（完成工事高）に対する限界利益の割合をいい、算式で示すと次のようになる。

$$限界利益率(\%)＝\frac{限界利益}{売上高（完成工事高）}\times 100$$

なお、売上高（完成工事高）を100％とし、そこから限界利益率を控除すると変動費率となる。

損益分岐点売上高は、固定費＝限界利益として固定費を限界利益率で除して算定し、損益分岐点販売量は、固定費を単位当たり限界利益で除して算定するので、次のような算式となる。

$$損益分岐点売上高＝\frac{固定費}{限界利益率}$$

$$損益分岐点販売量＝\frac{固定費}{単位当たり限界利益}$$

損益分岐点売上高に対して予算や実績の売上高がどれだけ離れているかを示す比率は、安全余裕率である。

安全余裕率とは、一般的には、予定や実績の売上高に対する安全余裕額の割合をいうが、損益分岐点売上高に対する予定や実績の売上高の割合をいうこともある。

安全余裕額とは、予定や実績の売上高から損益分岐点売上高を控除したものをいい、これを算式によって示すと次のようになる。

$$安全余裕額＝予定や実績の売上高－損益分岐点売上高$$

安全余裕率は、予算や実績の売上高が損益分岐点売上高をどの程度上回っているかを示すものであり、これを算式によって示すと次のようになる。

$$安全余裕率(\%)＝\frac{安全余裕額}{予定や実績の売上高}\times 100$$

または、

$$安全余裕率(\%)＝\frac{予定や実績の売上高}{損益分岐点売上高}\times 100$$

1. 完成工事未収入金（A）の算定

(1) 固定資産の算定

$$96.50\%〈固定比率〉= \frac{固定資産}{70,000百万円〈自己資本〉} \times 100$$

∴ 固定資産 = 67,550百万円

(2) 総資本の算定

$$総資本 = 132,450百万円〈流動資産〉+ 67,550百万円〈固定資産〉$$

∴ 総資本 = 200,000百万円

(3) 完成工事高の算定

$$1.20回〈総資本回転率〉= \frac{完成工事高}{200,000百万円〈総資本〉}$$

∴ 完成工事高 = 240,000百万円

(4) 完成工事未収入金（A）の算定

$$2.30月〈受取勘定滞留月数〉= \frac{22,000百万円〈受取手形〉+ 完成工事未収入金（A）}{240,000百万円〈完成工事高〉\div 12}$$

∴ 完成工事未収入金（A）= 24,000百万円

2. 建設仮勘定（B）の算定

(1) 経営資本の算定

$$6.0\%〈経営資本営業利益率〉= \frac{11,142百万円〈営業利益〉}{経営資本} \times 100$$

∴ 経営資本 = 185,700百万円

(2) 建設仮勘定（B）の算定

$$185,700百万円〈経営資本〉= 200,000百万円〈総資本〉$$
$$- (建設仮勘定（B）+ 13,000百万円〈投資有価証券〉$$
$$+ 500百万円〈長期貸付金〉)$$

∴ 建設仮勘定（B）= 800百万円

3. 未成工事受入金（C）の算定

(1) 社債の算定

$$26.00\%〈借入金依存度〉= \frac{17,000百万円〈短期借入金〉+ 11,000百万円〈長期借入金〉+ 社債}{200,000百万円〈総資本〉} \times 100$$

∴ 社債 = 24,000百万円

(2) 固定負債の算定

$$固定負債 = 24,000百万円〈社債〉+ 11,000百万円〈長期借入金〉$$

∴ 固定負債 = 35,000百万円

(3) 負債の算定

$$負債 = 200,000百万円〈総資本〉- 70,000百万円〈自己資本〉$$

∴ 負債 = 130,000百万円

(4) 流動負債の算定

$$流動負債 = 130,000百万円〈負債〉- 35,000百万円〈固定負債〉$$

∴ 流動負債 = 95,000百万円

(5) 未成工事受入金（C）の算定

$$155.00\%〈流動比率〉 = \frac{132,450百万円〈流動資産〉 - 54,640百万円〈未成工事支出金〉}{95,000百万円〈流動負債〉 - \boxed{未成工事受入金（C）}} \times 100$$

∴ 未成工事受入金（C）= **44,800百万円**

4．営業外収益・その他（D）の算定

(1) 経常利益の算定

$$3.00\%〈完成工事高経常利益率〉 = \frac{経常利益}{240,000百万円〈完成工事高〉} \times 100$$

∴ 経常利益 = 7,200百万円

(2) 支払利息 − 受取利息配当金の算定

$$1.00\%〈純支払利息比率〉 = \frac{\boxed{支払利息 − 受取利息配当金}}{240,000百万円〈完成工事高〉} \times 100$$

∴ 支払利息 − 受取利息配当金 = 2,400百万円

(3) 営業外収益・その他（D）の算定

7,200百万円〈経常利益〉= 11,142百万円〈営業利益〉+ 営業外収益・その他（D）

− 2,400百万円〈支払利息−受取利息配当金〉− 1,801百万円〈営業外費用・その他〉

∴ 営業外収益・その他（D）= **259百万円**

5．支払勘定回転率の算定

(1) 支払手形の算定

95,000百万円〈流動負債〉= 支払手形 + 18,600百万円〈工事未払金〉

+ 17,000百万円〈短期借入金〉+ 3,600百万円〈未払法人税等〉

+ 44,800百万円〈未成工事受入金（C）〉

∴ 支払手形 = 11,000百万円

(2) 支払勘定回転率の算定

$$支払勘定回転率（回）= \frac{240,000百万円〈完成工事高〉}{11,000百万円〈支払手形〉+ 18,600百万円〈工事未払金〉}$$

$$≒ 8.11回$$

■ 第4問 ● 生産性分析に関する諸項目の算定問題

問1 付加価値率の算定

付加価値 = 45,780,000千円〈完成工事高〉

− (6,518,000千円〈材料費〉+ 125,000千円〈労務外注費〉+ 26,637,000千円〈外注費〉)

= 12,500,000千円

$$付加価値率（\%）= \frac{12,500,000千円〈付加価値〉}{45,780,000千円〈完成工事高〉} \times 100$$

$$≒ 27.30\%$$

問2 労働装備率の算定

$$労働装備率（千円）= \frac{15,058,000千円〈有形固定資産〉- 43,900千円〈建設仮勘定〉}{540人〈技術系〉+ 180人〈事務系〉}$$

$$≒ 20,852千円$$

問3 設備投資効率の算定

$$設備投資効率(\%) = \frac{12,500,000千円〈付加価値〉}{15,058,000千円〈有形固定資産〉 - 43,900千円〈建設仮勘定〉} \times 100$$
$$\fallingdotseq \mathbf{83.26\%}$$

問4 総資本回転率の算定

総資本 = 10,652,000千円〈流動資産〉 + 15,058,000千円〈有形固定資産〉

　　　　+ 142,000千円〈無形固定資産〉 + 8,162,000千円〈投資その他の資産〉

　　　= 34,014,000千円

$$総資本回転率(回) = \frac{45,780,000千円〈完成工事高〉}{34,014,000千円〈総資本〉}$$
$$\fallingdotseq \mathbf{1.35回}$$

第5問 ● 諸比率の算定問題および空欄記入問題（記号選択）

問1 諸比率の算定問題

A 総資本経常利益率

（1）総資本（期中平均値）の算定

総資本（期中平均値）=（1,516,000千円〈第25期末総資本〉+ 1,626,000千円〈第26期末総資本〉）÷ 2

　　　　　　　　　　= 1,571,000千円

（2）総資本経常利益率の算定

$$総資本経常利益率(\%) = \frac{22,490千円〈経常利益〉}{1,571,000千円〈総資本(期中平均値)〉} \times 100$$
$$\fallingdotseq \mathbf{1.43\%}$$

B 立替工事高比率

$$立替工事高比率(\%) = \frac{30,500千円〈受取手形〉 + 723,000千円〈完成工事未収入金〉 + 45,600千円〈未成工事支出金〉 - 81,900千円〈未成工事受入金〉}{1,523,200千円〈完成工事高〉 + 45,600千円〈未成工事支出金〉} \times 100$$
$$\fallingdotseq \mathbf{45.72\%}$$

C 付加価値対固定資産比率

（1）付加価値の算定

付加価値 = 1,523,200千円〈完成工事高〉

　　　　　-（247,200千円〈材料費〉+ 100千円〈労務外注費〉+ 867,400千円〈外注費〉）

　　　　= 408,500千円

（2）固定資産（期中平均値）の算定

固定資産（期中平均値）=（370,300千円〈第25期末〉+ 371,500千円〈第26期末〉）÷ 2

　　　　　　　　　　= 370,900千円

（3）付加価値対固定資産比率の算定

$$付加価値対固定資産比率(\%) = \frac{408,500千円〈付加価値〉}{370,900千円〈固定資産(期中平均値)〉} \times 100$$
$$\fallingdotseq \mathbf{110.14\%}$$

D 棚卸資産回転率

（1）棚卸資産（期中平均値）の算定

第25期末棚卸資産 = 51,600千円〈未成工事支出金〉+ 400千円〈材料貯蔵品〉

　　　　　　　　= 52,000千円

第26期末棚卸資産 = 45,600千円〈未成工事支出金〉+ 500千円〈材料貯蔵品〉

$\qquad$ = 46,100千円

棚卸資産（期中平均値）=（52,000千円〈第25期末〉+ 46,100千円〈第26期末〉）÷ 2

$\qquad$ = 49,050千円

（2）棚卸資産回転率の算定

$$棚卸資産回転率（回）= \frac{1,523,200千円〈完成工事高〉}{49,050千円〈棚卸資産（期中平均値）〉}$$

$\qquad$ ≒ **31.05回**

E　営業キャッシュ・フロー対流動負債比率

（1）流動負債（期中平均値）の算定

流動負債（期中平均値）=（597,000千円〈第25期末〉+ 645,600千円〈第26期末〉）÷ 2

$\qquad$ = 621,300千円

（2）営業キャッシュ・フロー対流動負債比率の算定

$$営業キャッシュ・フロー対流動負債比率（%）= \frac{98,800千円〈営業活動によるキャッシュ・フロー〉}{621,300千円〈流動負債（期中平均値）〉} \times 100$$

$\qquad$ ≒ **15.90%**

F　営業利益増減率

$$営業利益増減率（%）= \frac{24,700千円〈第26期営業利益〉- 57,200千円〈第25期営業利益〉}{57,200千円〈第25期営業利益〉} \times 100$$

$\qquad$ ≒ **△56.82%〈B〉**

G　有利子負債月商倍率

（1）有利子負債の算定

有利子負債 = 143,400千円〈短期借入金〉+ 13,000千円〈コマーシャル・ペーパー〉

$\qquad$ + 5,000千円〈一年内償還の社債〉+ 13,000千円〈社債〉

$\qquad$ + 118,600千円〈長期借入金〉

$\qquad$ = 293,000千円

（2）有利子負債月商倍率の算定

$$有利子負債月商倍率（月）= \frac{293,000千円〈有利子負債〉}{1,523,200千円〈完成工事高〉÷ 12}$$

$\qquad$ ≒ **2.31月**

H　未成工事収支比率

$$未成工事収支比率（%）= \frac{81,900千円〈未成工事受入金〉}{45,600千円〈未成工事支出金〉} \times 100$$

$\qquad$ ≒ **179.61%**

I　配当率

$$配当率（%）= \frac{4,500千円〈配当金〉}{240,000千円〈資本金〉} \times 100$$

$\qquad$ ≒ **1.88%**

J　資本集約度

（1）総職員数（期中平均値）の算定

総職員数（期中平均値）=（40人〈第25期末〉+ 42人〈第26期末〉）÷ 2

$\qquad$ = 41人

(2) 資本集約度の算定

$$資本集約度（千円）＝\frac{1,571,000千円〈総資本（期中平均値）〉}{41人〈総職員数（期中平均値）〉}$$
$$≒38,317千円$$

問2 空欄記入問題（記号選択）

空欄を埋めると、次のような文章となる。

　財務分析における**収益性**分析は、総括的には投下資本とそれから獲得した利益との比率を考察する**資本利益率**分析によってまとめられる。この**資本利益率**は、その概念に多様性が存在するため、組み合わせによって異なる意味を持つ。資本の財務的な運用成果をも加味した他人資本利子控除前の利益概念が、**事業利益**である。第26期における**事業利益**は、**27,560**（＊1）千円であり、この利益に基づくＲＯＡとも呼ばれる利益率は、**1.75**（＊2）％である。

　資本利益率は、売上高利益率と資本回転率に分解される。この**資本回転率**は、企業の**活動性**を分析する指標であり、これにも複数のものがある。総じて**資本回転率**の数値は、**大きい**ほど望ましいが、その中でも過度に数値が**大きい**場合には注意をしなければならないのが**自己資本回転率**である。第26期におけるこの**自己資本回転率**は、**1.90**（＊3）回である。

1．事業利益の算定（＊1）
（1） 支払利息の算定
　　支払利息＝4,700千円〈支払利息〉＋370千円〈社債利息〉
　　　　　　＝5,070千円
（2） 事業利益の算定
　　事業利益＝22,490千円〈経常利益〉＋5,070千円〈支払利息〉
　　　　　　＝**27,560千円**

2．総資本事業利益率（ROA）の算定（＊2）

$$総資本事業利益率（％）＝\frac{27,560千円〈事業利益〉}{1,571,000千円〈総資本（期中平均値）〉}×100$$
$$≒1.75％$$

3．自己資本回転率の算定（＊3）
（1） 自己資本（期中平均値）の算定
　　自己資本（期中平均値）＝（768,100千円〈第25期末自己資本〉＋836,400千円〈第26期末自己資本〉）÷2
　　　　　　　　　　　　　＝802,250千円

$$自己資本回転率（回）＝\frac{1,523,200千円〈完成工事高〉}{802,250千円〈自己資本（期中平均値）〉}$$
$$≒1.90回$$

第26回 解答

第1問 20点 解答にあたっては、各問とも指定した字数以内（句読点を含む）で記入すること。

問1

									10										20					25
流	動	性	分	析	と	は	、	企	業	の	短	期	的	支	払	能	力	を	分	析	す	る	こ	と
を	い	う	。❷	流	動	性	分	析	の	う	ち	、	関	係	比	率	分	析	で	は	、	主	と	し
て	流	動	資	産	あ	る	い	は	そ	の	特	定	項	目	と	流	動	負	債	あ	る	い	は	そ
の	特	定	項	目	と	の	比	率	を	測	定	し	、	企	業	の	短	期	的	支	払	能	力	を
分	析	す	る	。❸	建	設	業	で	は	、	関	係	比	率	分	析	に	お	け	る	流	動	比	率
な	ど	の	算	定	上	、	流	動	資	産	の	一	部	で	あ	る	未	成	工	事	支	出	金	お
お	よ	び	流	動	負	債	の	一	部	で	あ	る	未	成	工	事	受	入	金	が	巨	額	と	な
る	こ	と	か	ら	そ	の	影	響	を	排	除	す	る	た	め	こ	れ	ら	を	控	除	す	る	。❸
一	般	産	業	に	は	な	い	未	成	工	事	支	出	金	な	ど	を	控	除	す	る	こ	と	で
そ	の	影	響	を	排	除	し	、	他	産	業	と	比	較	可	能	性	を	高	め	て	い	る	。❷

問2

									10										20					25
資	金	変	動	性	分	析	と	は	、	資	金	の	フ	ロ	ー	を	分	析	す	る	こ	と	を	い
い	、❷	資	金	の	フ	ロ	ー	と	は	、	企	業	が	あ	る	一	定	期	間	に	ど	の	よ	う
な	資	金	を	受	け	入	れ	、	そ	の	受	け	入	れ	た	資	金	を	ど	の	よ	う	な	支
払	い	に	充	当	し	た	か	の	状	況	を	い	う	。❷	流	動	性	分	析	や	健	全	性	分
析	に	加	え	て	、	資	金	変	動	性	分	析	が	必	要	と	な	る	理	由	は	、	流	動
比	率	や	固	定	比	率	な	ど	で	分	析	目	的	の	傾	向	を	知	る	こ	と	が	で	き
る	が	、	そ	の	良	否	の	原	因	ま	で	は	分	析	で	き	な	い	か	ら	で	あ	る	。❸
ま	た	、	当	期	純	利	益	は	資	金	の	増	加	を	も	た	ら	し	、	減	価	償	却	費
な	ど	非	資	金	費	用	も	減	算	さ	れ	る	が	非	資	金	費	用	は	当	期	純	利	益
に	加	算	し	、	資	金	の	源	泉	と	考	え	る	必	要	が	あ	る	か	ら	で	あ	る	。❸

第2問 15点

記号 （ア〜ノ）	1	2	3	4	5	6	7	8
	ク	カ	チ	ネ	キ	オ	ソ	エ
	❷	❷	❷	❷	❷	❷	❷	❶

第3問 20点

（A）　❹ 9 7 0 7 5　百万円　（百万円未満を切り捨て）

（B）　❹ 1 0 9 2 4　百万円　（　同　　上　）

（C）　❹ 3 3 2 7 4　百万円　（　同　　上　）

（D）　❹ 9 6 6 3 3　百万円　（　同　　上　）

固定長期適合比率　❹ 7 9 2 4 ．　%　（小数点第3位を四捨五入し、第2位まで記入）

別解　61.59%

第4問 15点

問1　¥ ❸ 　　　　5 8 0　（円未満を切り捨て）

問2　¥ ❸ 1 4 5 2 0 0 0　（　同　　上　）

問3　¥ ❸ 1 3 5 0 0 0 0 0　（　同　　上　）

問4　❸ 1 1 1 8 ．　%（小数点第3位を四捨五入し、第2位まで記入）

問5　¥ ❸ 1 6 8 7 5 0 0 0　（円未満を切り捨て）

第5問 30点

問1

A　総資本事業利益率　❷ | | |6|4|3| ％　（小数点第3位を四捨五入し、第2位まで記入）

B　流動負債比率　❷ |7|4|9|9| ％　（　同　　　上　）

C　運転資本保有月数　❷ | |2|1|7| 月　（　同　　　上　）

D　経営資本回転率　❷ | |0|9|6| 回　（　同　　　上　）

E　完成工事高キャッシュ・フロー率　❷ | |4|2|3| ％　（　同　　　上　）

F　営業利益増減率　❷ | |8|2|3| ％　（　同　　　上　）　記号（AまたはB）　B

G　負債回転期間　❷ | |8|2|3| 月　（　同　　　上　）

H　労働装備率　❷ |1|0|3|2|4| 千円　（千円未満を切り捨て）

I　配当性向　❷ | |4|1|4|5| ％　（小数点第3位を四捨五入し、第2位まで記入）

J　損益分岐点比率　❷ | |4|2|2|6| ％　（　同　　　上　）

問2　記号（ア〜ラ）

1	2	3	4	5	6	7	8	9	10
シ	オ	チ	ス	ハ	ウ	コ	ナ	ホ	ヤ

各❶

●数字…予想配点

第1問 ● 理論記述問題

流動性分析や資金変動性分析についての理論記述問題である。

問1 建設業特有の計算方法による流動性分析について

流動性分析とは、企業の短期的支払能力を分析することをいう。

流動性分析は、次のように区分される。

流動性分析のうち、関係比率分析（特殊比率分析）は、主として流動資産あるいはその特定項目と流動負債あるいはその特定項目との比率を測定し、企業の短期的支払能力を分析するものであり、次のように区分される。

関係比率分析（特殊比率分析）のうち、流動比率とは、流動負債に対する流動資産の割合をいい、これを算式によって示すと次のようになる。

$$流動比率(\%) = \frac{流動資産}{流動負債} \times 100$$

建設業では、流動資産の一部である未成工事支出金及び流動負債の一部である未成工事受入金が巨額となることから、その影響を排除するためにこれらを控除して流動比率を算定することで、他産業との比較可能性を高めている。なお、これを算式によって示すと次のようになる。

$$流動比率(建設業)(\%) = \frac{流動資産 - 未成工事支出金}{流動負債 - 未成工事受入金} \times 100$$

問2 **資金変動性分析が必要な理由について**

　資金変動分析とは、資金のフローを分析することをいい、資金のフローとは、企業がある一定期間にどのような資金を受け入れ、その受け入れた資金をどのような支払いに充当したかの状況をいう。

　流動性分析や健全性分析に加えて、資金変動性分析が必要となる理由は、次のとおりである。

(1) 流動性分析や健全性分析では、流動比率や固定比率などの比率分析によって分析目的の傾向を知ることができるが、その良否の原因を分析することができないからである。

(2) 当期純利益は、基本的に資金の増加をもたらすものであるが、この当期純利益を算定する場合、減価償却費や引当金繰入額などの資金の支出を伴わない費用である非資金費用も減算される。そこで、資金のフローを分析する場合、非資金フローは当期純利益に加算し、資金の源泉と考える必要があるからである。

第2問 ● 空欄記入問題（記号選択）

空欄を埋めると、次のような文章となる。

> 　企業の**活動性**分析とは、資本やその運用たる資産等が、ある一定期間の間にどの程度運動したかを示すものであり、回転率や回転期間が用いられる。
>
> 　**受取勘定回転率**は売上債権の回収速度を示すものであり、この値が**小さい**ほど回収速度が遅く、資本の運用効率が低いことを示している。これに対して、**12カ月**をこの**受取勘定回転率**で除すると**受取勘定回転期間**が求まるため、回転期間（月）と回転率の両者は逆数の関係にある。なお、建設業の場合には通常、工事代金の一部を前受けしていることから**未成工事受入金**の額を控除した、正味**受取勘定回転率**を算定することも必要である。
>
> 　さらに、建設業においては工事進行基準に基づく売上債権の回転率を表している**未収施工高回転率**を見ることも重要である。この比率の算式は、施工高÷（売掛債権＋**未成工事施工高**－**未成工事受入金**）であらわされる。

活動性分析についての空欄記入問題（記号選択）である。

　活動性分析とは、資本やその運用形態である資産などが一定期間（通常、1年間）にどの程度運動したかを分析することをいい、回転率や回転期間が用いられる。

　回転率とは、新旧の各資本や資産などが一定期間（通常、1年間）に入れ替わった（回転した）回数をいい、各資本や資産などの利用度合いを示すものである。これを算式によって示すと次のようになる。

$$回転率（回）＝\frac{対象要素の年間回収額あるいは消費額}{対象要素の年間平均有高}$$

回転率は、その分母に何を用いるかにより、次の３つに区分される。

$$回転率（回）\begin{cases}資本回転率 \\ 資産回転率 \\ 負債回転率\end{cases}$$

　回転期間とは、各資本や資産などが１回転するのに要した期間をいう。これを算式によって示すと次のようになる。

$$回転期間（月）＝\frac{対象要素の年間平均有高}{対象要素の年間回収額あるいは消費額÷12}$$

　回転期間も、回転率と同様にその分母に何を用いるかにより、３つに区分される。
　建設業では、資本や資産などが完成工事高により回収されることから、回転率の分子や回転期間の分母の「対象要素の年間回収額あるいは消費額」に完成工事高を用いる。
　しかし、項目別の回転率や回転期間を算定する場合には、完成工事高を用いるのが適切でない場合もある。
　たとえば、固定資産の回転率や回転期間を算定する場合には、完成工事高ではなく、減価償却費を用いるべきであるが、実務上の簡便性を重視して、完成工事高を用いることとしている。
　なお、回転率と回転期間の両者は逆数の関係にある。この両者の関係を算式によって示すと次のようになる。

$$回転率（回）　＝　12カ月　÷　回転期間（月）$$
$$回転期間（月）　＝　12カ月　÷　回転率（回）$$

　このうち受取勘定回転率とは、受取勘定、すなわち売上債権に対する完成工事高の割合をいい、売上債権が１年間に回転した回数、すなわち売上債権の回収速度を示すものであり、これを算式によって示すと次のようになる。

$$受取勘定回転率（回）＝\frac{完成工事高}{受取勘定（受取手形＋完成工事未収入金）}$$

　受取勘定回転率は、その値が小さいほど売上債権の回収速度が遅く、いわゆる不良債権が多いことを示している。したがって、多額の貸倒損失や集金費用などが生じるおそれがある点に注意する必要がある。
　なお、回転率と回転期間は逆数の関係にあるため、12カ月をこの受取勘定回転率で除すると受取勘定回転期間が求まる。
　また、建設業の場合には通常、工事代金の一部を前受けしていることから、上記受取勘定回転率の計算式のうち、受取勘定から未成工事受入金の額を控除した、正味受取勘定回転率を算定することも必要である。
　とりわけ、建設業では、未収施工高回転率をみることが重要である。なぜなら、この未収施工高回転率は、工事進行基準にもとづく売掛債権の回転率をあらわしているからである。これを算式によって示すと次のようになる。

$$未収施工高回転率（回）＝\frac{完成工事高（施工高）}{売掛債権＋未収施工高－未成工事受入金}$$

● 第3問 ● 財務諸表項目（一部）の推定と固定長期適合比率の算定問題

1．完成工事未収入金（A）の算定

(1) 固定資産の算定

$$105.00\%〈固定比率〉＝\frac{〈固定資産〉}{156,000百万円〈自己資本〉}×100$$

∴　固定資産＝163,800百万円

(2) 総資本の算定

総資本＝236,200百万円〈流動資産〉＋163,800百万円〈固定資産〉

∴　総資本＝400,000百万円

(3) 経常利益の算定

$$4.50\%〈総資本経常利益率〉＝\frac{〈経常利益〉}{400,000百万円〈総資本〉}×100$$

∴　経常利益＝18,000百万円

(4) 完成工事高の算定

$$2.00\%〈完成工事高経常利益率〉＝\frac{18,000百万円〈経常利益〉}{〈完成工事高〉}×100$$

∴　完成工事高＝900,000百万円

(5) 完成工事未収入金（A）の算定

$$2.10月〈受取勘定滞留月数〉＝\frac{60,425百万円〈受取手形〉＋〈完成工事未収入金（A）〉}{900,000百万円〈完成工事高〉÷12}$$

∴　完成工事未収入金（A）＝**97,075百万円**

2．建設仮勘定（B）の算定

(1) 経営資本の算定

経営資本＝400,000百万円〈総資本〉－（〈建設仮勘定（B）〉＋36,476百万円〈投資有価証券〉）

　　　＝363,524百万円－建設仮勘定（B）

(2) 経営資本営業利益率の算定

$$4.50\%〈経営資本営業利益率〉＝\frac{15,867百万円〈営業利益〉}{363,524百万円－〈建設仮勘定（B）〉}×100$$

∴　建設仮勘定（B）＝**10,924百万円**

3．未成工事受入金（C）の算定

(1) 長期借入金の算定

$$21.25\%〈借入金依存度〉＝\frac{34,274百万円〈短期借入金〉＋〈長期借入金〉}{400,000百万円〈総資本〉}×100$$

∴　長期借入金＝50,726百万円（＝固定負債）

(2) 負債の算定

負債＝400,000百万円〈総資本〉－156,000百万円〈自己資本〉

∴　負債＝244,000百万円

(3) 流動負債の算定

流動負債＝244,000百万円〈負債〉－50,726百万円〈固定負債〉

∴　流動負債＝193,274百万円

(4) 未成工事受入金（C）の算定

$$125.00\%\langle流動比率\rangle = \frac{236,200百万円\langle流動資産\rangle - 36,200百万円\langle未成工事支出金\rangle}{193,274百万円\langle流動負債\rangle - \langle未成工事受入金（C）\rangle} \times 100$$

∴ 未成工事受入金（C）＝**33,274百万円**

4．販売費及び一般管理費（D）の算定

(1) 完成工事原価の算定

$$87.50\%\langle完成工事原価率\rangle = \frac{\langle完成工事原価\rangle}{900,000百万円\langle完成工事高\rangle} \times 100$$

∴ 完成工事原価＝787,500百万円

(2) 完成工事総利益の算定

完成工事総利益＝900,000百万円〈完成工事高〉－787,500百万円〈完成工事原価〉

∴ 完成工事総利益＝112,500百万円

(3) 販売費及び一般管理費（D）の算定

15,867百万円〈営業利益〉＝112,500百万円〈完成工事総利益〉－〈販売費及び一般管理費（D）〉

∴ 販売費及び一般管理費（D）＝**96,633百万円**

5．固定長期適合比率の算定

$$固定長期適合比率（\%）= \frac{163,800百万円\langle固定資産\rangle}{50,726百万円\langle固定負債\rangle + 156,000百万円\langle自己資本\rangle} \times 100$$

≒**79.24%**

または

$$固定長期適合比率（\%）= \frac{163,800百万円\langle固定資産\rangle - 36,476百万円\langle投資有価証券\rangle}{50,726百万円\langle固定負債\rangle + 156,000百万円\langle自己資本\rangle} \times 100$$

≒**61.59%**

第4問 ● 生産性分析に関する諸項目の算定問題

問1 高低2点法による作業1時間当たり変動費の額の算定

$$作業1時間当たり変動費 = \frac{1,339,000円\langle高操業度\rangle - 875,000円\langle低操業度\rangle}{2,100時間\langle高操業度\rangle - 1,300時間\langle低操業度\rangle}$$

＝**580円**

問2 工事原価のうち固定費の額の算定

（高操業度）

固定費＝1,339,000円〈工事原価〉－580円×2,100時間〈変動費〉

　　　＝121,000円

または

（低操業度）

固定費＝875,000円〈工事原価〉－580円×1,300時間〈変動費〉

　　　＝121,000円

∴ 固定費（年額）＝121,000円×12カ月＝**1,452,000円**

問3 当期の損益分岐点完成工事高の算定

(1) 貢献利益率の算定

$$貢献利益率 = \frac{800円〈1時間当たり完成工事高〉 - 580円〈1時間当たり変動費〉}{800円〈1時間当たり完成工事高〉}$$

$$= 0.275$$

(2) 固定費（総額）の算定

固定費 = 1,452,000円〈工事原価〉 + 1,648,000円〈販売費及び一般管理費〉 + 612,500円〈支払利息〉

= 3,712,500円

(3) 損益分岐点完成工事高の算定

$$損益分岐点完成工事高 = \frac{3,712,500円〈固定費〉}{0.275〈貢献利益率〉}$$

$$= 13,500,000円$$

問4 分子に安全余裕の金額を用いた当期の安全余裕率の算定

(1) 安全余裕の金額の算定

安全余裕の金額 = 15,200,000円〈当期完成工事高〉 - 13,500,000円〈当期損益分岐点完成工事高〉

= 1,700,000円

(2) 安全余裕率の算定

$$安全余裕率（\%） = \frac{1,700,000円〈安全余裕の金額〉}{15,200,000円〈当期完成工事高〉} \times 100$$

$$\fallingdotseq 11.18\%$$

問5 完成工事高経常利益率5.5%を達成する完成工事高の算定

$$完成工事高 = \frac{3,712,500円〈固定費〉}{0.275〈貢献利益率〉 - 0.055〈完成工事高経常利益率〉}$$

$$= 16,875,000円$$

第5問 ● 諸比率の算定問題および空欄記入問題（記号選択）

問1 諸比率の算定問題

A 総資本事業利益率

(1) 総資本（期中平均値）の算定

総資本（期中平均値） = （3,742,530千円〈第26期末負債純資産〉 + 3,719,910千円〈第27期末負債純資産〉）÷ 2

= 3,731,220千円

(2) 事業利益の算定

① 支払利息 = 2,590千円〈支払利息〉 + 1,560千円〈社債利息〉

= 4,150千円

② 事業利益 = 235,780千円〈経常利益〉 + 4,150千円〈支払利息〉

= 239,930千円

(3) 総資本事業利益率の算定

$$総資本事業利益率（\%） = \frac{239,930千円〈事業利益〉}{3,731,220千円〈総資本（期中平均値）〉} \times 100$$

$$\fallingdotseq 6.43\%$$

131

B　流動負債比率

$$\text{流動負債比率}(\%) = \frac{1,484,300千円〈流動負債〉 - 115,890千円〈未成工事受入金〉}{1,824,810千円〈自己資本〉} \times 100$$

$$\fallingdotseq 74.99\%$$

C　運転資本保有月数

$$\text{運転資本保有月数}(月) = \frac{1,984,200千円〈流動資産〉 - 1,484,300千円〈流動負債〉}{2,761,560千円〈完成工事高〉 \div 12}$$

$$\fallingdotseq 2.17月$$

D　経営資本回転率

（1）　経営資本（期中平均値）の算定

第26期末経営資本 ＝ 3,742,530千円〈総資本〉
$$- (87,100千円〈建設仮勘定〉 + 708,600千円〈投資その他の資産〉)$$
$$= 2,946,830千円$$

第27期末経営資本 ＝ 3,719,910千円〈総資本〉
$$- (136,900千円〈建設仮勘定〉 + 788,900千円〈投資その他の資産〉)$$
$$= 2,794,110千円$$

∴　経営資本（期中平均値）＝（2,946,830千円〈第26期末〉＋2,794,110千円〈第27期末〉）÷2
$$= 2,870,470千円$$

（2）　経営資本回転率の算定

$$\text{経営資本回転率}(回) = \frac{2,761,560千円〈完成工事高〉}{2,870,470千円〈経営資本（期中平均値）〉}$$

$$\fallingdotseq 0.96回$$

E　完成工事高キャッシュ・フロー率

（1）　純キャッシュ・フローの算定

①　引当金増減額の算定

第26期末引当金合計額 ＝ 1,700千円〈貸倒引当金（流動資産）〉
$$+ 1,000千円〈貸倒引当金（固定資産）〉$$
$$+ 21,000千円〈完成工事補償引当金〉$$
$$+ 8,000千円〈工事損失引当金〉 + 87,980千円〈退職給付引当金〉$$
$$= 119,680千円$$

第27期末引当金合計額 ＝ 1,540千円〈貸倒引当金（流動資産）〉
$$+ 990千円〈貸倒引当金（固定資産）〉$$
$$+ 22,600千円〈完成工事補償引当金〉$$
$$+ 6,800千円〈工事損失引当金〉 + 86,700千円〈退職給付引当金〉$$
$$= 118,630千円$$

∴　引当金増減額 ＝ 118,630千円〈第27期末〉 － 119,680千円〈第26期末〉 ＝ △1,050千円

②　純キャッシュ・フローの算定

純キャッシュ・フロー ＝ 171,300千円〈当期純利益（税引後）〉 ＋ 560千円〈法人税等調整額〉
$$+ 17,000千円〈当期減価償却実施額〉 - 1,050千円〈引当金増減額〉$$
$$- 71,000千円〈剰余金の配当の額〉$$
$$= 116,810千円$$

(2) 完成工事高キャッシュ・フロー率の算定

$$完成工事高キャッシュ・フロー率(\%) = \frac{116,810千円〈純キャッシュ・フロー〉}{2,761,560千円〈完成工事高〉} \times 100$$

$$≒ 4.23\%$$

F 営業利益増減率

$$営業利益増減率(\%) = \frac{228,140千円〈第27期営業利益〉 - 248,600千円〈第26期営業利益〉}{248,600千円〈第26期営業利益〉} \times 100$$

$$≒ △8.23\%〈B〉$$

G 負債回転期間

$$負債回転期間(月) = \frac{1,484,300千円〈流動負債〉 + 410,800千円〈固定負債〉}{2,761,560千円〈完成工事高〉÷12}$$

$$≒ 8.23月$$

H 労働装備率

(1) 有形固定資産－建設仮勘定（期中平均値）の算定

第26期末有形固定資産－建設仮勘定＝832,530千円〈有形固定資産〉 － 87,100千円〈建設仮勘定〉
　　　　　　　　　　　　　　　　　＝745,430千円

第27期末有形固定資産－建設仮勘定＝940,210千円〈有形固定資産〉 － 136,900千円〈建設仮勘定〉
　　　　　　　　　　　　　　　　　＝803,310千円

∴　有形固定資産－建設仮勘定（期中平均値）＝（745,430千円〈第26期末〉
　　　　　　　　　　　　　　　　　　　　　　＋803,310千円〈第27期末〉）÷2
　　　　　　　　　　　　　　　　　　　　　＝774,370千円

(2) 総職員数（期中平均値）の算定

総職員数（期中平均値）＝（76人〈第26期末〉 ＋ 74人〈第27期末〉）÷2
　　　　　　　　　　　＝75人

(3) 労働装備率の算定

$$労働装備率(千円) = \frac{774,370千円〈有形固定資産－建設仮勘定（期中平均値）〉}{75人〈総職員数（期中平均値）〉}$$

$$≒ 10,324千円$$

I 配当性向

$$配当性向(\%) = \frac{71,000千円〈配当金〉}{171,300千円〈当期純利益〉} \times 100$$

$$≒ 41.45\%$$

J 損益分岐点比率

(1) 損益分岐点比率（別法）の分子〈販売費及び一般管理費＋支払利息〉の算定

販売費及び一般管理費＋支払利息＝168,420千円〈販売費及び一般管理費〉 ＋ 4,150千円〈支払利息〉
　　　　　　　　　　　　　　　　＝172,570千円

(2) 損益分岐点比率（別法）の分母〈＊〉（＝完成工事総利益＋営業外収益－営業外費用＋支払利息）の算定

〈＊〉＝396,560千円〈完成工事総利益〉 ＋ 13,920千円〈営業外収益〉 － 6,280千円〈営業外費用〉
　　　＋4,150千円〈支払利息〉
　　＝408,350千円

(3) 損益分岐点比率の算定

$$損益分岐点比率（\%）=\frac{172,570千円〈販売費及び一般管理費＋支払利息〉}{408,350千円〈＊〉}×100$$

$$≒42.26\%$$

空欄を埋めると、次のような文章となる。

(1) 企業財務の安全性もしくは安定性は、企業財務の流動性の確保と**資本構造**の**健全性**によって支えられている。**資本構造**分析の中核は、総資本に占める**自己資本**の比率を示す**自己資本比率**である。この比率が高いほど過去の業績がよかったということを示している。一方で、固定資産への投資を自己資本の範囲内で実施しているかを判定するための比率が**固定比率**であり、第27期における**固定比率**は**95.12（＊1）**％である。

(2) 付加価値を算定する場合に、**減価償却費**を含めるか否かで、付加価値の名称も異なるが、**減価償却費**を含めた場合は、これを粗付加価値と呼んでいる。『建設業の経営分析』での計算においては**減価償却費**は含まれていない。また、付加価値労働生産性は、いくつかの要因に分解して分析することができる。例えば、労働装備率と**設備投資効率**に分解されることや、他にも付加価値を総資本で割った数値と資本集約度に分解されるものがある。第27期におけるこの**設備投資効率**は、**100.97（＊2）**％であり、資本集約度は**49,750（＊3）**千円となる。

（＊1） 固定比率の算定

$$固定比率（\%）=\frac{1,735,710千円〈固定資産〉}{1,824,810千円〈自己資本〉}×100$$

$$=95.12\%$$

（＊2） 設備投資効率の算定

(1) 付加価値の算定

付加価値 ＝ 2,761,560千円〈完成工事高〉

－（421,000千円〈材料費〉＋116,000千円〈労務外注費〉＋1,442,700千円〈外注費〉）

＝ 781,860千円

(2) 設備投資効率の算定

$$設備投資効率（\%）=\frac{781,860千円〈付加価値〉}{774,370千円〈有形固定資産－建設仮勘定（期中平均値）〉}×100$$

$$≒100.97\%$$

（＊3） 資本集約度の算定

$$資本集約度（千円）=\frac{3,731,220千円〈総資本（期中平均値）〉}{75人〈総職員数（期中平均値）〉}$$

$$≒49,750千円$$

第27回 解 答

第1問 20点　解答にあたっては、各問とも指定した字数以内（句読点含む）で記入すること。

問1

|10|20|25|

活動性分析とは、資本やその運用形態である資産などが一定期間（通常、一年間）にどの程度運動したかを分析することをいう。❷この活動性分析には、回転率や回転期間が用いられる。❷回転率とは、新旧の各資本や資産などが一定期間（通常、一年間）に入れ替わった回数をいい各資本や資産などの利用度合いを示すものである。❸回転期間とは、各資本や資産などが1回転するのに要した期間をいう。回転率と回転期間は、逆数の関係といえる。❸建設業では、回転率の算式の分子や回転期間の算式の分母は、実務上の簡便性を重視して完成工事高を用いる。

問2

キャッシュ・コンバージョン・サイクルとは、企業の仕入、販売、代金回収活動に関する回転期間を総合的に判断する指標である。❸この指標は仕入、販売、代金回収までに何日かかるかを示す指標である棚卸資産回転日数と売上債権回転日数の合計から、仕入から代金の支払いまでに何日かかるかを示す指標である仕入債務回転日数を控除することにより計算され、❸運転資金が必要な日数や資金効率を示すものである。❷代金回収期間は短く代金支払期間は長い方が資金を有効に活用できるので、キャッシュ・コンバージョン・サイクルは短い方が望ましい。❷

135

第2問 | 15点

記号 (ア〜ニ)	1	2	3	4	5
	キ	エ	コ	ソ	カ
	❶	❶	❶	❷	❷

	6	7	8	9	10
	ト	チ	サ	ス	セ
	❶	❶	❷	❷	❷

第3問 | 20点

（A）❹ 48700 百万円 （百万円未満を切り捨て）

（B）❹ 10975 百万円 （　同　　上　）

（C）❹ 380500 百万円 （　同　　上　）

（D）❹ 2800 百万円 （　同　　上　）

当座比率 ❹ 124.94 ％ （小数点第3位を四捨五入し、第2位まで記入）

第4問 | 15点

問1　❸ 740800 円 （円未満を切り捨て）

問2　❸ 63.05 ％ （小数点第3位を四捨五入し、第2位まで記入）

問3　❸ 19961 円 （円未満を切り捨て）

問4　❸ 71.37 ％ （小数点第3位を四捨五入し、第2位まで記入）

問5　❸ 50826 円 （円未満を切り捨て）

第5問 30点

問1

A　完成工事高キャッシュ・フロー率 ❷ [　　1　3 . 8] ％ 　（小数点第3位を四捨五入し、第2位まで記入）

B　総資本事業利益率 ❷ [　　6　6 . 9] ％ 　（　　同　　　　上　　）

C　立替工事高比率 ❷ [　1　8　7 . 1] ％ 　（　　同　　　　上　　）

D　棚卸資産滞留月数 ❷ [　　0 . 3　1] 月 　（　　同　　　　上　　）

E　負債比率 ❷ [1　4　4 . 3　1] ％ 　（　　同　　　　上　　）

F　完成工事高増減率 ❷ [　　4　5 . 4] ％ 　（　　同　　　　上　　） 記号（AまたはB） [B]

G　営業キャッシュ・フロー対流動負債比率 ❷ [　　8　4 . 0] ％ 　（　　同　　　　上　　）

H　固定比率 ❷ [　5　1 . 7　4] ％ 　（　　同　　　　上　　）

I　付加価値労働生産性 ❷ [　9　7　8　0] 千円 　（千円未満を切り捨て）

J　配当性向 ❷ [　4　2 . 1　9] ％ 　（小数点第3位を四捨五入し、第2位まで記入）

問2　記号（ア～ラ）

1	2	3	4	5	6	7	8	9	10
イ	シ	タ	ナ	コ	チ	ウ	セ	ヘ	ホ

各❶

●数字…予想配点

第27回

第1問●理論記述問題

活動性分析についての理論記述問題である。

問1 活動性分析について

活動性分析とは、資本やその運用形態である資産などが一定期間（通常、1年間）にどの程度運動したかを分析することをいい、回転率や回転期間が用いられる。

回転率とは、新旧の各資本や資産などが一定期間（通常、1年間）に入れ替わった（回転した）回数をいい、各資本や資産などの利用度合いを示すものである。これを算式によって示すと次のようになる。

$$回転率（回）＝\frac{対象要素の年間回収額あるいは消費額}{対象要素の年間平均有高}$$

回転率は、その分母に何を用いるかにより、次の3つに区分される。

$$回転率（回）\begin{cases} 資本回転率 \\ 資産回転率 \\ 負債回転率 \end{cases}$$

回転期間とは、各資本や資産などが1回転するのに要した期間をいう。これを算式によって示すと次のようになる。

$$回転期間（月）＝\frac{対象要素の年間平均有高}{対象要素の年間回収額あるいは消費額÷12}$$

回転期間も、回転率と同様にその分母に何を用いるかにより、3つに区分される。

建設業では、資本や資産などが完成工事高により回収されることから、回転率の分子や回転期間の分母の「対象要素の年間回収額あるいは消費額」に完成工事高を用いる。

しかし、項目別の回転率や回転期間を算定する場合には、完成工事高を用いるのが適切でない場合もある。

たとえば、固定資産の回転率や回転期間を算定する場合には、完成工事高ではなく、減価償却費を用いるべきであるが、実務上の簡便性を重視して、完成工事高を用いることとしている。

なお、回転率と回転期間の両者は逆数の関係にある。この両者の関係を算式によって示すと次のようになる。

$$回転率（回）＝12カ月÷回転期間（月）$$
$$回転期間（月）＝12カ月÷回転率（回）$$

解答への道

問2 キャッシュ・コンバージョン・サイクルについて

キャッシュ・コンバージョン・サイクルとは、企業の仕入、販売、代金回収活動に関する回転期間を総合的に判断する指標であり、これを算式によって示すと次のようになる。

> **キャッシュ・コンバージョン・サイクル**
> **＝棚卸資産回転日数＋売上債権回転日数－仕入債務回転日数**

棚卸資産回転日数とは、仕入から販売までに何日かかるかを示す指標であり、棚卸資産の在庫管理の効率性を見るもので、この日数が短いほど少ない在庫で効率よく売上を上げていることを示すものである。

売上債権回転日数とは、販売から回収までに何日かかるかを示す指標であり、現金化までの日数を明らかにして会社の資金効率の良否を見るもので、この日数が短いほど現金化が早く、資金繰りが良好なことを示している。

仕入債務回転日数とは、仕入から買掛金や支払手形が決済されるまでに何日かかるかを示す指標であり、決済までに時間が掛かっているか否かを見るもので、この日数が長くなっているということは、財政状態の悪化や資金繰りが厳しくなっているサインと見ることができる。

企業経営上、代金回収期間は可能な限り短く、代金支払期間は可能な限り長い方が、資金を有効に活用できると考えられることから、キャッシュ・コンバージョン・サイクルは短い方が望ましいといえる。

● 第2問 ● 空欄記入問題（記号選択）

空欄を埋めると、次のような文章となる。

> キャッシュ・フロー計算書を分析する手法には、大別して実数分析と比率分析がある。実数分析は、さらに**単純**分析、**増減**分析、**均衡**分析に分けられる。**単純**分析とは、ある期間のキャッシュ・フロー計算書項目について、その金額および内容を分析することをいう。**増減**分析とは、2期間以上にわたる1企業の財務諸表の各項目を比較して、その**増減**を分析し、さらに**増減**の原因を明らかにすることによって、企業活動の**動的**な状態を把握しようとするものである。また**均衡**分析とは、企業の事業収入と事業支出とが一致する**均衡**点を分析するキャッシュ・フロー分岐点分析に代表される分析手法をいう。
>
> 実数分析に対し、比率分析とは、各種のキャッシュ・フロー数値間あるいは他の財務諸表から得られる数値を用いて、一定の視点から比率を算定して、それによってキャッシュ・フローの状況を明らかにしようとする分析方法である。比率分析に利用される比率には、**構成比率**、**趨勢比率**、特殊比率などがある。
>
> **構成**比率分析とは、全体に対する部分の割合をあらわす比率に基づいてキャッシュ・フローの状況を分析する方法をいい、そこでは各項目が**百分率**という共通の尺度によって示される。したがって、**直接法**によるキャッシュ・フロー計算書を前提とするこの分析からは、同計算書を構成する各要素の相互関係を明確に把握することができるようになる。**百分率**キャッシュ・フロー計算書においては、**営業収入**を100％とすることが基点となり、その他の諸項目はそれに対する割合で表される。この分析方法は、規模の異なる複数の企業のキャッシュ・フローの状況を比較することが可能である。

第27回

キャッシュ・フロー計算書を分析する手法についての空欄記入問題（記号選択）である。

キャッシュ・フロー計算書とは、一会計期間におけるキャッシュ・フローの状況を一定の活動区分別に表示したものである。キャッシュ・フロー計算書を分析する手法は、大別して以下のように区分される。

キャッシュ・フロー計算書の分析手法 ——┬—— 実数分析
　　　　　　　　　　　　　　　　　　　　└—— 比率分析

このうち、実数分析とは、財務諸表上の数値などの会計データまたはその他のデータの実数そのものを分析の対象とすることをいい、次のように区分される。

実数分析 ——┬—— 単純実数分析
　　　　　　├—— 比較増減分析
　　　　　　└—— 関数均衡分析

単純実数分析とは、単純にデータの実数そのものを分析の対象とすることをいう。

比較増減分析とは、複数期間の実数データを比較して差額を算定しその増減の原因を分析することをいう。

関数均衡分析とは、資本、収益、費用などのデータ相互間の均衡点や分岐点を算定して分析することをいう。

また、比率分析とは、相互に関係するデータ間の割合である比率を算定して分析することをいい、次のように区分される。

比率分析 ——┬—— 構成比率分析
　　　　　　├—— 関係比率分析（特殊比率分析）
　　　　　　└—— 趨勢比率分析

このうち、構成比率分析とは、全体の数値に対する構成要素の数値の比率（構成比率）を算定して分析することをいう。

キャッシュ・フロー計算書の構成比率分析とは、全体に対する部分の割合をあらわす比率にもとづいてキャッシュ・フローの状況を分析する方法をいい、そこでは各項目が百分率という共通の尺度によって示される。この分析からは、キャッシュ・フロー計算書を構成する各要素の相互関係を明確に把握することができるようになる。

具体的に、キャッシュ・フロー計算書の構成比率分析は、直接法を前提とした百分率キャッシュ・フロー計算書を作成することによって分析が行われる。

百分率キャッシュ・フロー計算書とは、営業活動による収入（キャッシュ・フロー）を100％とし、その他の項目を営業活動による収入（キャッシュ・フロー）に対する百分率で示したものをいう。

百分率キャッシュ・フロー計算書による構成比率分析の長所として、以下の点が挙げられる。

1．百分率で示されるため、分析が容易である。

2．期間比較や企業間比較が容易である。

3．期間比較により、企業の粉飾を発見できる可能性がある。

第3問 ● 財務諸表項目（一部）の推定と当座比率の算定問題

1．完成工事未収入金（A）の算定

(1) 完成工事高の算定

$$25.00回〈棚卸資産回転率〉＝\frac{〈完成工事高〉}{16,750百万円〈未成工事支出金〉＋50百万円〈材料貯蔵品〉}$$

∴　完成工事高＝420,000百万円

(2) 工事未払金の算定

$$6.40回〈支払勘定回転率〉＝\frac{420,000百万円〈完成工事高〉}{12,625百万円〈支払手形〉＋〈工事未払金〉}$$

∴　工事未払金＝53,000百万円

(3) 流動負債－未成工事受入金の算定

流動負債－未成工事受入金＝12,625百万円〈支払手形〉＋53,000百万円〈工事未払金〉
　　　　　　　　　　　　　　＋11,225百万円〈短期借入金〉＋3,150百万円〈未払法人税等〉
　　　　　　　　　　　　　＝80,000百万円

(4) 流動資産の算定

$$125.00\%〈流動比率〉＝\frac{〈流動資産〉－16,750百万円〈未成工事支出金〉}{80,000百万円〈流動負債－未成工事受入金〉}×100$$

∴　流動資産＝116,750百万円

(5) 現金預金の算定

$$0.60月〈現金預金手持月数〉＝\frac{〈現金預金〉}{420,000百万円〈完成工事高〉÷12}$$

∴　現金預金＝21,000百万円

(6) 完成工事未収入金（A）の算定

〈完成工事未収入金（A）〉＝116,750百万円〈流動資産〉
　　　　　　　　　　　　－（21,000百万円〈現金預金〉＋30,250百万円〈受取手形〉
　　　　　　　　　　　　＋16,750百万円〈未成工事支出金〉＋50百万円〈材料貯蔵品〉）
　　　　　　　　　　　＝48,700百万円

2．利益剰余金（B）の算定

(1) 固定負債＋自己資本の算定

$$80.25\%〈固定長期適合比率〉＝\frac{80,250百万円〈固定資産〉}{〈固定負債＋自己資本〉}×100$$

∴　固定負債＋自己資本＝100,000百万円

(2) 長期借入金の算定

$$1.15月〈有利子負債月商倍率〉＝\frac{11,225百万円〈短期借入金〉＋〈長期借入金〉}{420,000百万円〈完成工事高〉÷12}$$

∴　長期借入金＝29,025百万円（＝固定負債）

(3) 自己資本の算定

〈自己資本〉＝100,000百万円〈固定負債＋自己資本〉－29,025百万円〈固定負債〉
　　　　　＝70,975百万円

(4) 利益剰余金（B）の算定

〈利益剰余金（B）〉＝70,975百万円〈自己資本〉－40,000百万円〈資本金〉－20,000百万円〈資本剰余金〉
　　　　　　　　＝10,975百万円

3．完成工事原価（C）の算定

（1）経営資本の算定

$$5.00月〈経営資本回転期間〉=\frac{\langle経営資本\rangle}{420,000百万円〈完成工事高〉÷12}$$

∴　経営資本＝175,000百万円

（2）営業利益の算定

$$4.60\%〈経営資本営業利益率〉=\frac{\langle営業利益\rangle}{175,000百万円〈経営資本〉}×100$$

∴　営業利益＝8,050百万円

（3）完成工事原価（C）の算定

8,050百万円〈営業利益〉＝420,000百万円〈完成工事高〉－〈完成工事原価（C）〉

－31,450百万円〈販売費及び一般管理費〉

∴　完成工事原価（C）＝**380,500百万円**

4．支払利息（D）の算定

$$3.50倍〈金利負担能力〉=\frac{8,050〈営業利益〉+1,750百万円〈受取利息配当金〉}{\langle支払利息（D）\rangle}$$

∴　支払利息（D）＝**2,800百万円**

5．当座比率の算定

（1）当座資産の算定

当座資産＝21,000百万円〈現金預金〉＋30,250百万円〈受取手形〉＋48,700百万円〈完成工事未収入金（A）〉

＝99,950百万円

（2）当座比率の算定

$$当座比率（\%）=\frac{99,950百万円〈当座資産〉}{80,000百万円〈流動負債－未成工事受入金〉}×100$$

≒**124.94%**

第4問 ● 生産性分析に関する諸項目の算定問題

問1　付加価値の金額の算定

（1）完成工事原価の算定

完成工事原価＝299,200円〈材料費〉＋123,200円〈労務費〉＋1,056,000円〈外注費〉＋281,600円〈経費〉

＝1,760,000円

（2）完成工事高の算定

完成工事高＝1,760,000円〈完成工事原価〉÷80%〈完成工事原価率〉

＝2,200,000円

（3）付加価値の算定

付加価値＝2,200,000円〈完成工事高〉－（299,200円〈材料費〉＋104,000円〈労務外注費〉＋1,056,000円〈外注費〉）

＝**740,800円**

問2　資本生産性（付加価値対固定資産比率）の算定

（1）固定資産の算定

固定資産＝1,070,000円〈有形固定資産〉＋17,000円〈無形固定資産〉＋88,000円〈投資その他の資産〉

＝1,175,000円

(2) 資本生産性（付加価値対固定資産比率）の算定

資本生産性（付加価値対固定資産比率）＝ $\dfrac{740,800円〈付加価値〉}{1,175,000円〈固定資産〉} \times 100$

　　≒63.05%

問3 労働装備率の算定

(1) 総職員数（期中平均値）の算定

総職員数（期中平均値）＝ {(35人＋15人)〈期首〉＋(37人＋17人)〈期末〉} ÷ 2

　　　　　　　　　　　＝52人

(2) 労働装備率の算定

労働装備率 ＝ $\dfrac{1,070,000円〈有形固定資産〉 - 32,000円〈建設仮勘定〉}{52人〈総職員数（期中平均値）〉}$

　　≒19,961円

問4 設備投資効率の算定

設備投資効率 ＝ $\dfrac{740,800円〈付加価値〉}{1,070,000円〈有形固定資産〉 - 32,000円〈建設仮勘定〉} \times 100$

　　≒71.37%

問5 資本集約度の算定

(1) 総資本の算定

総資本 ＝ 1,468,000〈流動資産〉＋1,070,000〈有形固定資産〉

　　　　＋17,000円〈無形固定資産〉＋88,000円〈投資その他の資産〉

　　＝2,643,000円

(2) 資本集約度の算定

資本集約度 ＝ $\dfrac{2,643,000〈総資本〉}{52人〈総職員数（期中平均値）〉}$

　　≒50,826円

第5問 ● 諸比率の算定問題および空欄記入問題（記号選択）

問1 諸比率の算定問題

A 完成工事高キャッシュ・フロー率の算定

(1) 純キャッシュ・フローの算定

① 引当金増減額の算定

第27期末引当金合計額 ＝ 1,600千円〈貸倒引当金（流動資産）〉

　　　　　　　　　　＋1,000千円〈貸倒引当金（固定資産）〉

　　　　　　　　　　＋27,000千円〈完成工事補償引当金〉

　　　　　　　　　　＋3,600千円〈工事損失引当金〉＋125,000千円〈退職給付引当金〉

　　　　＝158,200千円

第28期末引当金合計額 ＝ 1,700千円〈貸倒引当金（流動資産）〉

　　　　　　　　　　＋200千円〈貸倒引当金（固定資産）〉

　　　　　　　　　　＋21,900千円〈完成工事補償引当金〉

　　　　　　　　　　＋6,800千円〈工事損失引当金〉＋136,000千円〈退職給付引当金〉

　　　　＝166,600千円

$\therefore$ 引当金増減額 $= 166,600$ 千円〈第28期末〉 $- 158,200$ 千円〈第27期末〉 $= 8,400$ 千円

② 純キャッシュ・フローの算定

純キャッシュ・フロー $= 92,440$ 千円〈当期純利益(税引後)〉 $- 30,000$ 千円〈法人税等調整額〉

$+ 18,000$ 千円〈当期減価償却実施額〉 $+ 8,400$ 千円〈引当金増減額〉

$- 39,000$ 千円〈剰余金の配当の額〉

$= 49,840$ 千円

(2) 完成工事高キャッシュ・フロー率の算定

完成工事高キャッシュ・フロー率 $(\%) = \dfrac{49,840\text{千円〈純キャッシュ・フロー〉}}{3,599,000\text{千円〈完成工事高〉}} \times 100$

$\fallingdotseq 1.38\%$

B 総資本事業利益率

(1) 総資本(期中平均値)の算定

総資本(期中平均値) $= (3,400,500$ 千円〈第27期末〉 $+ 3,584,500$ 千円〈第28期末〉) $\div 2$

$= 3,492,500$ 千円

(2) 事業利益の算定

① 支払利息 $= 4,810$ 千円〈支払利息〉 $+ 160$ 千円〈社債利息〉

$= 4,970$ 千円

② 事業利益 $= 228,730$ 千円〈経常利益〉 $+ 4,970$ 千円〈支払利息〉

$= 233,700$ 千円

(3) 総資本事業利益率の算定

総資本事業利益率 $(\%) = \dfrac{233,700\text{千円〈事業利益〉}}{3,492,500\text{千円〈総資本(期中平均値)〉}} \times 100$

$\fallingdotseq 6.69\%$

C 立替工事高比率

立替工事高比率 $(\%)$

$= \dfrac{420,000\text{千円〈受取手形〉} + 768,000\text{千円〈完成工事未収入金〉} + 78,000\text{千円〈未成工事支出金〉} - 578,000\text{千円〈未成工事受入金〉}}{3,599,000\text{千円〈完成工事高〉} + 78,000\text{千円〈未成工事支出金〉}} \times 100$

$\fallingdotseq 18.71\%$

D 棚卸資産滞留月数

(1) 棚卸資産の算定

棚卸資産 $= 78,000$ 千円〈未成工事支出金〉 $+ 14,000$ 千円〈材料貯蔵品〉

$= 92,000$ 千円

(2) 棚卸資産滞留月数の算定

棚卸資産滞留月数(月) $= \dfrac{92,000\text{千円〈棚卸資産〉}}{3,599,000\text{千円〈完成工事高〉} \div 12}$

$\fallingdotseq 0.31$ 月

E 負債比率

負債比率 $(\%) = \dfrac{1,883,100\text{千円〈流動負債〉} + 234,200\text{千円〈固定負債〉}}{1,467,200\text{千円〈自己資本〉}} \times 100$

$\fallingdotseq 144.31\%$

F 完成工事高増減率

完成工事高増減率 $(\%) = \dfrac{3,599,000\text{千円〈第28期〉} - 3,770,200\text{千円〈第27期〉}}{3,770,200\text{千円〈第27期〉}} \times 100$

$\fallingdotseq \triangle 4.54\%$ 〈B〉

G　営業キャッシュ・フロー対流動負債比率

（1）　流動負債（期中平均値）の算定

流動負債（期中平均値）＝（1,863,200千円〈第27期末〉＋1,883,100千円〈第28期末〉）÷2

＝1,873,150千円

（2）　営業キャッシュ・フロー対流動負債比率の算定

$$営業キャッシュ・フロー対流動負債比率（\%）＝\frac{157,390千円〈営業キャッシュ・フロー〉}{1,873,150千円〈流動負債（期中平均値）〉}×100$$

≒8.40%

H　固定比率

$$固定比率（\%）＝\frac{759,200千円〈固定資産〉}{1,467,200千円〈自己資本〉}×100$$

≒51.74%

I　付加価値労働生産性

（1）　付加価値の算定

付加価値＝3,599,000千円〈完成工事高〉

－（647,000千円〈材料費〉＋43,200千円〈労務外注費〉＋2,253,500千円〈外注費〉）

＝655,300千円

（2）　総職員数（期中平均値）の算定

総職員数（期中平均値）＝（65人〈第27期末〉＋69人〈第28期末〉）÷2

＝67人

（3）　付加価値労働生産性の算定

$$付加価値労働生産性（千円）＝\frac{655,300千円〈付加価値〉}{67人〈総職員数（期中平均値）〉}$$

≒9,780千円

J　配当性向

$$配当性向（\%）＝\frac{39,000千円〈配当金〉}{92,440千円〈当期純利益〉}×100$$

≒42.19%

問2　空欄記入問題（記号選択）

空欄を埋めると、次のような文章となる。

　　企業の収益性に関する分析として代表的なものが資本利益率である。株主の立場から企業の収益性をとらえる資本利益率のことを、**自己資本当期純利益**率という。証券市場では、これをＲＯＥと呼んで、トップマネジメント評価の重要な指標として活用している。この**自己資本当期純利益**率の計算での分子となる利益は、一般に**税引後当期純利益**が用いられる。第28期における**自己資本当期純利益**率は、**6.63%**（＊1）である。このほかにも、収益性を示す比率として**損益分岐点**比率がある。**損益分岐点**とは、利益も損失も発生しない完成工事高（売上高）を意味し、予算や実績の完成工事高との離れ具合を示す**安全余裕率**分析などに展開される。建設業における**損益分岐点**分析で用いる利益は、資金調達の重要性が加味されるため、**営業利益**段階での分析ではなく**経常利益**段階での分析が慣行となっている。第28期における**損益分岐点**比率は**49.70**（＊2）%であり、この**49.70%**に基づくと、**安全余裕率**（分子に実績の完成工事高を用いる）は**201.21**（＊3）%である。

（＊１）　自己資本当期純利益率の算定

    (1)　自己資本（期中平均値）の算定

      自己資本(期中平均値)＝(1,322,100千円〈第27期末〉＋1,467,200千円〈第28期末〉)÷2

$$= 1,394,650千円$$

    (2)　自己資本当期純利益率の算定

$$自己資本当期純利益率（\%）=\frac{92,440千円〈当期純利益〉}{1,394,650千円〈自己資本〉}\times 100$$

$$= 6.63\%$$

（＊２）　損益分岐点比率の算定

    (1)　損益分岐点比率(別法)分子〈販売費及び一般管理費＋支払利息〉の算定

      販売費及び一般管理費＋支払利息＝221,000千円〈販売費及び一般管理費〉＋4,970千円〈支払利息〉

$$= 225,970千円$$

    (2)　損益分岐点比率(別法)分母〈＊〉（＝完成工事総利益＋営業外収益－営業外費用＋支払利息)の算定

      〈＊〉＝457,300千円〈完成工事総利益〉＋8,080千円〈営業外収益〉

$$-15,650千円〈営業外費用〉+4,970千円〈支払利息〉$$

$$= 454,700千円$$

    (3)　損益分岐点比率の算定

$$損益分岐点比率（\%）=\frac{225,970千円〈販売費及び一般管理費＋支払利息〉}{454,700千円〈＊〉}\times 100$$

$$\fallingdotseq 49.70\%$$

（＊３）　安全余裕率の算定

    (1)　損益分岐点完成工事高の算定

      損益分岐点完成工事高＝3,599,000千円〈完成工事高〉×49.70％〈損益分岐点比率〉

$$= 1,788,703千円$$

    (2)　安全余裕率の算定

$$安全余裕率（\%）=\frac{3,599,000千円〈完成工事高〉}{1,788,703千円〈損益分岐点完成工事高〉}\times 100$$

$$\fallingdotseq 201.21\%$$

第28回 解 答

第1問 20点　解答にあたっては、各問とも指定した字数以内（句読点含む）で記入すること。

問1

生産性分析とは、投入された生産要素がどの程度有効に利用されたかを分析することをいう。生産性分析のうち労働生産性とは、一般的に、従業員数に対する付加価値の割合をいい、従業員1人あたりが生み出した付加価値を示すものである。❸資本生産性とは、投下資本に対する付加価値の割合をいい、投下資本がどれだけの付加価値を生み出したのかを示すものである。❸労働生産性は、付加価値を生み出す対象を従業員として生産効率を算定しているが、❷資本生産性は、固定資産や有形固定資産を付加価値を生み出す対象としているという点で相違する。❷

問2

付加価値とは、企業が新たに生み出した価値をいう。❷一般的な付加価値の算定方法として、控除法と加算法が挙げられる。控除法とは、一般的に、売上高から付加価値を構成しない項目である前給付費用を控除して付加価値を算定する方法である。❷加算法とは、一般的に、付加価値を構成する項目を加算して付加価値を算定する方法をいう。❷いずれの方法も、減価償却費を含めて算定したものを「粗付加価値」といい、減価償却費を除いて算定したものを「純付加価値」という。❷建設業では「粗付加価値」を付加価値と考え、その算定方法は控除法による。❷

第2問 15点

記号
（ア～ネ）

1	2	3	4	5	6
オ	サ	ウ	ク	ア	キ
❷	❷	❶	❷	❶	❷

7	8	9	10	11
ネ	ト	イ	タ	エ
❶	❶	❶	❶	❶

第3問 20点

（A）❹ 6 1 4 0 0 百万円 （百万円未満を切り捨て）

（B）❹ 　 3 3 0 0 百万円 （　 同 　 上 　）

（C）❹ 2 4 8 0 0 百万円 （　 同 　 上 　）

（D）❹ 　 8 0 0 0 百万円 （　 同 　 上 　）

必要運転資金月商倍率  ❹ 　 3 . 7 8 月 （小数点第3位を四捨五入し、第2位まで記入）

第4問 15点

問1 ❸ 　 6 8 6 0 0 0 千円

問2 ❸ 　 3 2 9 2 8 0 千円

問3 ❸ 1 1 . 5 3 ％ （小数点第3位を四捨五入し、第2位まで記入）

問4 ❸ 　 7 0 5 0 0 0 千円

問5 ❸ 　 7 2 4 0 0 0 千円

第5問 30点

問1

A　自己資本事業利益率　❷ [　｜ 　｜ 5 ｜ 3 . 3] ％　（小数点第3位を四捨五入し、第2位まで記入）

B　完成工事高総利益率　❷ [　｜ 　｜ 7 ｜ 1 . 4] ％　（　　同　　　上　　）

C　運転資本保有月数　　❷ [　｜ 　｜ 3 ｜ 8 . 9] 月　（　　同　　　上　　）

D　現金預金手持月数　　❷ [　｜ 　｜ 3 ｜ 9 . 2] 月　（　　同　　　上　　）

E　総資本回転率　　　　❷ [　｜ 　｜ 1 ｜ 1 . 6] 回　（　　同　　　上　　）

F　営業利益増減率　　　❷ [　｜ 5 ｜ 3 ｜ 7 . 6] ％　（　　同　　　上　　）　記号(AまたはB) [B]

G　負債回転期間　　　　❷ [　｜ 　｜ 4 ｜ 7 . 7] 月　（　　同　　　上　　）

H　労働装備率　　　　　❷ [　｜ 9 ｜ 2 ｜ 1 ｜ 8] 千円　（千円未満を切り捨て）

I　付加価値率　　　　　❷ [　｜ 1 ｜ 8 ｜ 8 . 0] ％　（小数点第3位を四捨五入し、第2位まで記入）

J　配当率　　　　　　　❷ [　｜ 　｜ 4 ｜ 9 . 3] ％　（　　同　　　上　　）

問2　記号（ア〜モ）

1	2	3	4	5	6	7	8	9	10
コ	ア	カ	ノ	シ	ス	ニ	ソ	オ	ヘ

各❶

●数字…予想配点

149

第1問 ● 理論記述問題

生産性分析についての理論記述問題である。

問1 労働生産性と資本生産性の相違について

生産性分析とは、投入された生産要素がどの程度有効に利用されたか（生産効率）を分析することをいう。

なお、生産性は、生産要素の投入高（インプット）に対する活動成果たる産出高（アウトプット）の割合で示され、これを算式によって示すと次のようになる。

$$生産性 = \frac{活動成果たる産出高（アウトプット）}{生産要素の投入高（インプット）}$$

この算式の分母の「生産要素の投入高」には一般的に労働力（従業員数）または資本を用い、分子の「活動成果たる産出高」には一般的に付加価値を用いる。このことから生産性分析は、付加価値を獲得する源泉を労働力（従業員）または資本と考えて、それらがどの程度付加価値獲得に貢献したかを示すことによって、それぞれの生産効率を示す指標であるといえる。

生産性分析において、その算式の分母に労働力（従業員数）を用いたものが労働生産性である。労働生産性とは、従業員数に対する付加価値の割合をいい、従業員1人あたりが生み出した付加価値を示すものである。

なお、建設業経理士1級の財務分析の試験では、「従業員数」を技術職員数と事務職員数との合計である「総職員数」としている。この労働生産性を算式によって示すと次のようになる。

$$労働生産性（円） = \frac{付加価値}{総職員数（期中平均値）}$$

また、生産性分析において、その算式の分母に資本を用いたものが、資本生産性である。ここでいう資本は、その運用形態である固定資産または有形固定資産（建設仮勘定を除く）が用いられるが、通常、固定資産を用いたものを資本生産性、有形固定資産（建設仮勘定を除く）を用いたものを設備投資効率という。よって、資本生産性とは、固定資産に対する付加価値の割合をいい、固定資産がどれだけの付加価値を生み出したかを示すものである。これを算式によって示すと次のようになる。

$$資本生産性（\%） = \frac{付加価値}{固定資産（期中平均値）} \times 100$$

以上より、労働生産性は、付加価値を生み出す対象を従業員として生産効率を算定することになるのに対して、資本生産性は、付加価値を生み出す対象とを固定資産して生産効率を算定する点で相違しているといえる。

問2 付加価値の計算方法について

付加価値とは、企業が新たに生み出した価値をいう。

一般的な付加価値の算定方法は、控除法と加算法の2つが挙げられる。

控除法とは、売上高から付加価値を構成しない項目（前給付費用）を控除して付加価値を算定する方法をいう。

加算法とは、付加価値を構成する項目を加算して付加価値を算定する方法をいう。

なお、控除法および加算法のいずれの方法であっても、減価償却費を含めて算定したものを「粗付加価値」といい、減価償却費を除いて算定したものを「純付加価値」という。

建設業では、「粗付加価値」を付加価値と考え、その算定方法は控除法によっている。したがって、建設業の付加価値を算式によって示すと次のようになる。

> **付加価値＝完成工事高－（材料費＋労務外注費＋外注費）**

第2問 ● 空欄記入問題（記号選択）

空欄を埋めると、次のような文章となる。

> 企業の総合評価の手法には様々なものがあり、**点数化**による方法、**図形化**による方法、そして**多変量解析**を利用する方法などがある。
>
> **点数化**による総合評価法には、さらに**考課法**と指数法がある。**考課法**とは、いくつかの適切な分析指標を選択し、各指標ごとに経営**考課**表を作成し、この中に企業の**実績**値を当てはめて評価しようとする方法である。指数法は、**標準**状態にある企業の指数を100として、分析対象の企業の指数が100を上回るか否かによりその経営状態を総合的に評価する方法である。この指数法の長所は、経営全体の評価が評点によって明確となり、**標準**比率との関連で企業間比較が可能になることである。
>
> **図形化**による総合評価法には、**レーダー・チャート法**と象形法がある。**レーダー・チャート法**は、円形の中に、選択された分析指標を記入し、**平均**値との乖離具合を凹凸状況によって視覚的に確認するものである。また、**象形法**には、人間の表情を総合評価に利用した方法などがあり、髪の多少、眉のつり具合、顔の長さなどで総合的な状態を評価するものである。
>
> **多変量解析**を利用する方法にも複数の方法があるが、判別分析法で用いられる判別関数では、**アルトマン**の企業倒産予測のための判別式が有名である。

企業の総合評価の手法についての空欄記入問題（記号選択）である。

さまざまな財務分析の手法により、企業の収益性や安全性など、確認目的別の評価を行うことはできるが、それだけでは企業の全体評価を行うことができない。

そこで、企業全体の評価を行うために、総合評価が必要になる。

総合評価の手法には、次のようなものがある。

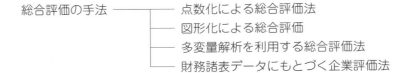

このうち、点数化による総合評価の方法には、次のようなものがある。

点数化による総合評価の手法 ―――― 指数法（ウォール指数法）
　　　　　　　　　　　　　　　　└――― 考課法

　指数法とは、標準状態にあるものの指数を100とし、分析対象の指数が100を上回るか否かにより企業の総合評価を行う方法をいう。なお、ウォールによって提案された方法であることから、ウォール指数法ともいう。

　考課法とは、複数の指標を選択し、各指標ごとに「どの範囲なら何点になる」といった経営考課表を作成し、この表に企業の実績値をあてはめることによって企業の総合評価を行う方法をいう。

　また、図形化による総合評価法とは、選択した複数の指標を何らかの図形によって示すことにより、視覚的に企業の総合評価を行う方法をいい、次のようなものがある。

図形化による総合評価の手法 ―――― レーダー・チャート法
　　　　　　　　　　　　　　　　└――― 象形法

　レーダー・チャート法とは、円形の図形の中に選択した複数の指標を記入し、視覚的に平均値との距離を確認することにより企業の総合評価を行う方法をいう。

　象形法とは、人間の顔や樹木などの図形により、視覚的に企業の総合評価を行う方法をいい、フェイス分析法やツリー分析法などが挙げられる。

　フェイス分析法とは、人間の顔の図形、すなわちうれしいときの表情や悲しいときの表情などにより、視覚的に企業の総合評価を行う方法をいう。

　ツリー分析法とは、樹木の図形、すなわち大きさ、枝の張り具合、幹の太さなどにより、視覚的に企業の総合評価を行う方法をいう。

　なお、多変量解析を利用する総合評価法は、統計学の多変量解析法を用いて企業の総合評価を行う方法であり、主成分分析法、因子分析法、判別分析法などが挙げられる。判別分析法で用いられる判別関数では、アルトマンの企業倒産予測のための判別式が有名である。

　その他、財務諸表データにもとづく企業評価法があるが、これは企業の資産から負債を差し引いた純資産額により企業の評価を行う純資産額法、企業の平均利益を公定歩合などの利子率で除した収益還元価値により企業の評価を行う収益還元価値法などによって企業の総合評価を行うことになる。

▌第3問 ● 財務諸表項目（一部）の推定と必要運転資金月商倍率の算定問題

１. 投資有価証券（B）の算定
(1)　販売費及び一般管理費の算定
　①　〈＊〉損益分岐点比率の分母の算定
　　　〈＊〉＝27,200百万円〈完成工事総利益〉＋600百万円〈受取利息配当金〉
　　　　　　＋300百万円〈営業外収益・その他〉－1,500百万円〈支払利息〉
　　　　　　－100百万円〈営業外費用・その他〉＋1,500百万円〈支払利息〉
　　　　　＝28,000百万円
　②　販売費及び一般管理費の算定

$$85.00\%\langle損益分岐点比率\rangle = \frac{\langle販売費及び一般管理費\rangle + 1,500百万円\langle支払利息\rangle}{28,000百万円\langle*\rangle}$$

　　　∴　販売費及び一般管理費＝22,300百万円
(2)　営業利益の算定
　　　営業利益＝27,200百万円〈完成工事総利益〉－22,300百万円〈販売費及び一般管理費〉
　　　　　　　＝4,900百万円

(3) 経営資本の算定

経営資本＝180,000百万円〈総資産〉－500百万円〈建設仮勘定〉－〈投資有価証券（B）〉

$\qquad$ －1,200百万円〈長期貸付金〉

$\qquad$ ＝178,300百万円－〈投資有価証券（B）〉

(4) 投資有価証券（B）の算定

$$2.80\%\langle経営資本営業利益率\rangle=\frac{4,900百万円\langle営業利益\rangle}{178,300百万円-\langle投資有価証券（B）\rangle}$$

∴ 投資有価証券（B）＝**3,300百万円**

2．利益剰余金（D）の算定

(1) 経常利益の算定

経常利益＝4,900〈営業利益〉＋600百万円〈受取利息配当金〉＋300百万円〈営業外収益・その他〉

$\qquad$ －1,500百万円〈支払利息〉－100百万円〈営業外費用・その他〉

$\qquad$ ＝4,200百万円

(2) 完成工事高の算定

$$3.50\%\langle完成工事高経常利益率\rangle=\frac{4,200百万円\langle経常利益\rangle}{\langle完成工事高\rangle}$$

∴ 完成工事高＝120,000百万円

(3) 自己資本の算定

$$2.50回\langle自己資本回転率\rangle=\frac{120,000百万円\langle完成工事高\rangle}{\langle自己資本\rangle}$$

∴ 自己資本＝48,000百万円

(4) 利益剰余金（D）の算定

利益剰余金（D）＝48,000百万円〈自己資本〉－22,000百万円〈資本金〉－18,000百万円〈資本剰余金〉

$\qquad$ ＝**8,000百万円**

3. 未成工事受入金（C）の算定

(1) 支払勘定（＝支払手形＋工事未払金）の算定

$$4.00回\langle支払勘定回転率\rangle=\frac{120,000百万円\langle完成工事高\rangle}{\langle支払勘定\rangle}$$

∴ 支払勘定＝30,000百万円

(2) 固定負債（＝社債＋長期借入金）の算定

固定負債＝180,000〈総資本〉－60,000百万円〈流動負債〉－48,000百万円〈自己資本〉

$\qquad$ ＝72,000百万円〈社債＋長期借入金〉

(3) 短期借入金の算定

$$42.00\%\langle借入金依存度\rangle=\frac{\langle短期借入金\rangle+72,000百万円\langle社債＋長期借入金\rangle}{180,000百万円\langle総資本\rangle}$$

∴ 短期借入金＝3,600百万円

(4) 未成工事受入金（C）の算定

未成工事受入金（C）＝60,000百万円〈流動負債〉

$\qquad$ －30,000百万円〈支払勘定〉

$\qquad$ －3,600百万円〈短期借入金〉－1,600百万円〈未払法人税等〉

$\qquad$ ＝**24,800百万円**

4．未成工事支出金（A）の算定

(1) 固定資産合計の算定

$$47.50\%\langle固定長期適合比率\rangle = \frac{\langle固定資産\rangle}{72,000\langle固定負債\rangle + 48,000百万円\langle自己資本\rangle}$$

∴　固定資産 = 57,000百万円

(2) 流動資産の算定

流動資産 = 180,000百万円〈総資産〉− 57,000百万円〈固定資産〉

= 123,000百万円

(3) 未成工事支出金（A）の算定

$$175.00\%\langle流動比率\rangle = \frac{123,000百万円\langle流動資産\rangle - \langle未成工事支出金（A）\rangle}{60,000百万円\langle流動負債\rangle - 24,800百万円\langle未成工事受入金\rangle}$$

∴　未成工事支出金（A）= **61,400百万円**

5．必要運転資金月商倍率の算定

(1) 完成工事未収入金の算定

$$2.75月\langle完成工事未収入金滞留月数\rangle = \frac{\langle完成工事未収入金\rangle}{120,000百万円\langle完成工事高\rangle \div 12}$$

∴　完成工事未収入金 = 27,500百万円

(2) 必要運転資金の算定

必要運転資金 = 3,700百万円〈受取手形〉+ 27,500百万円〈完成工事未収入金〉

　　　　　　+ 61,400百万円〈未成工事支出金（A）〉− 30,000百万円〈支払勘定〉

　　　　　　− 24,800百万円〈未成工事受入金（C）〉

= 37,800百万円

(3) 必要運転資金月商倍率の算定

$$必要運転資金月商倍率（月）= \frac{37,800百万円\langle必要運転資金\rangle}{120,000百万円\langle完成工事高\rangle \div 12}$$

∴　必要運転資金月商倍率 = **3.78月**

第4問 ● 損益分岐点分析に関する諸項目の算定問題

問1　第28期完成工事高の算定

(1) 第28期固定費の算定

第28期固定費 = 236,400千円〈販売費及び一般管理費〉+ 54,900千円〈支払利息〉

= 291,300千円

(2) 第28期損益分岐点完成工事高に係る変動費の算定

第28期損益分岐点完成工事高に係る変動費 = 606,875千円〈第28期損益分岐点完成工事高〉

　　　　　　　　　　　　　　　　　　　− 291,300千円〈第28期固定費〉

= 315,575千円

(3) 変動費率の算定

$$変動費率 = \frac{315,575千円\langle第28期損益分岐点完成工事高における変動費\rangle}{606,875千円\langle損益分岐点完成工事高\rangle}$$

= 0.52

(4) 第28期変動費の算定

第28期変動費 = 347,020千円〈完成工事原価〉+ 88,600千円〈営業外費用〉− 54,900千円〈支払利息〉

　　　　　　− 24,000千円〈営業外収益〉

= 356,720千円

(5) 第28期完成工事高の算定

第28期完成工事高 = 356,720千円〈第28期変動費〉÷ 0.52〈変動費率〉
　　　　　　　　　 = 686,000千円

問2　第28期限界利益の算定

(1) 限界利益率の算定

限界利益率 = 1 − 0.52〈変動比率〉
　　　　　 = 0.48

(2) 第28期限界利益の算定

第28期限界利益 = 686,000千円〈第28期完成工事高〉× 0.48〈限界利益率〉
　　　　　　　 = 329,280千円

問3　第28期安全余裕率の算定

(1) 第28期安全余裕の金額の算定

第28期安全余裕の金額 = 686,000千円 − 606,875千円
　　　　　　　　　　 = 79,125千円

(2) 第28期安全余裕率の算定

$$第28期安全余裕率 = \frac{79,125千円〈第28期安全余裕の金額〉}{686,000千円〈第28期完成工事高〉} \times 100$$
　　　　　　　　 = 11.53%

問4　第29期目標利益達成完成工事高の算定

$$第29期目標利益達成完成工事高 = \frac{291,300千円〈第28期固定費〉+ 47,100千円〈第29期目標利益〉}{0.48〈限界利益率〉} \times 100$$
　　　　　　　　　　　　　　 = 705,000千円

問5　第30期完成工事高の算定

(1) 第30期固定費の算定

第30期固定費 = 291,300千円〈第28期固定費〉+ 12,780千円
　　　　　　 = 304,080千円

(2) 第30期完成工事高の算定

第30期完成工事高をXとすると、限界利益 = X × 0.48 = 0.48X〈限界利益率〉、経常利益 = X × 0.06 = 0.06X〈経常利益率〉となることから、以下の方程式により、解答を導き出す。

0.48X〈限界利益〉− 304,080千円〈第30期固定費〉= 0.06X〈経常利益〉

∴　X = 724,000千円

第5問 ● 諸比率の算定問題および空欄記入問題

問1　諸比率の算定問題

A　自己資本事業利益率の算定

(1) 自己資本（期中平均値）の算定

自己資本（期中平均値）=（1,285,300千円〈第27期末〉+ 1,311,300千円〈第28期末〉）÷ 2
　　　　　　　　　　　 = 1,298,300千円

(2) 事業利益の算定

① 支払利息＝800千円〈支払利息〉＋900千円〈社債利息〉
　　　　　＝1,700千円

② 事業利益＝67,550千円〈経常利益〉＋1,700千円〈支払利息〉
　　　　　＝69,250千円

(3) 自己資本事業利益率の算定

$$自己資本事業利益率（\%）=\frac{69,250千円〈事業利益〉}{1,298,300千円〈自己資本（期中平均値）〉}\times100$$
$$≒5.33\%$$

B　完成工事高総利率

$$完成工事高総利益率（\%）=\frac{205,800千円〈完成工事総利益〉}{2,882,800千円〈完成工事高〉}\times100$$
$$≒7.14\%$$

C　運転資本保有月数

$$運転資本保有月数（月）=\frac{1,941,100千円〈流動資産〉-1,007,500千円〈流動負債〉}{2,882,800千円〈完成工事高〉÷12}$$
$$≒3.89月$$

D　現金預金手持月数

$$現金預金手持月数（月）=\frac{940,600千円〈現金預金〉}{2,882,800千円〈完成工事高〉÷12}$$
$$≒3.92月$$

E　総資本回転率の算定

(1) 総資本（期中平均値）の算定

総資本（期中平均値）＝(2,495,500千円〈第27期末〉＋2,457,400千円〈第28期末〉)÷2
　　　　　　　　　　＝2,476,450千円

(2) 総資本回転率の算定

$$総資本回転率（回）=\frac{2,882,800千円〈完成工事高〉}{2,476,450千円〈総資本（期中平均値）〉}$$
$$≒1.16回$$

F　営業利益増減率

$$営業利益増減率（\%）=\frac{67,100千円〈第28期〉-145,100千円〈第27期〉}{145,100千円〈第27期〉}\times100$$
$$≒△53.76\%〈B〉$$

G　負債回転期間

$$負債回転期間（月）=\frac{1,007,500〈流動負債〉+138,600千円〈固定負債〉}{2,882,800千円〈完成工事高〉÷12}$$
$$≒4.77月$$

H　労働装備率

(1) 有形固定資産－建設仮勘定（期中平均値）の算定

第27期末有形固定資産－建設仮勘定＝428,400千円〈有形固定資産〉－23,000千円〈建設仮勘定〉
　　　　　　　　　　　　　　　　＝405,400千円

第28期末有形固定資産－建設仮勘定＝428,800千円〈有形固定資産〉－23,000千円〈建設仮勘定〉
　　　　　　　　　　　　　　　　＝405,800千円

∴　有形固定資産－建設仮勘定（期中平均値）＝(405,400千円〈第27期末〉
　　　　　　　　　　　　　　　　　　　　　＋405,800千円〈第28期末〉)÷2
　　　　　　　　　　　　　　　　　　　　　＝405,600千円

(2) 総職員数（期中平均値）の算定

総職員数(期中平均値) = (45人〈第27期末〉 + 43人〈第28期末〉) ÷ 2

= 44人

(3) 労働装備率の算定

$$労働装備率(千円) = \frac{405,600千円〈有形固定資産 - 建設仮勘定（期中平均値）〉}{44人〈総職員数（期中平均値）〉}$$

≒ 9,218千円

I 付加価値率

(1) 付加価値の算定

付加価値 = 2,882,800千円〈完成工事高〉

− (323,000千円〈材料費〉 + 87,000千円〈労務外注費〉 + 1,930,800千円〈外注費〉)

= 542,000千円

(2) 付加価値率の算定

$$付加価値率(\%) = \frac{542,000千円〈付加価値〉}{2,882,800千円〈完成工事高〉} \times 100$$

≒ 18.80%

J 配当率

$$配当率(\%) = \frac{9,300千円〈配当額〉}{188,600千円〈資本金〉} \times 100$$

≒ 4.93%

問2　空欄記入問題（記号選択）

空欄を埋めると、次のような文章となる。

　　企業の安全性に関する分析は、短期的な支払能力などを分析する**流動性**分析、資本の調達と運用における財務のバランスを分析する**健全性**分析、資金のフローを分析する資金変動性分析に分けられる。**流動性**分析の中で、すでに完成し引渡した工事も含めた工事関連の資金立替状況を分析するものが、**立替工事高比率**である。第28期における**立替工事高比率**は、25.94（＊1）%である。一般的に、この数値は**低い**方が望ましい。また、決算日現在における**流動性**を測定しようとする比率がある一方、流動負債に対して営業活動の1年間の現金及び現金同等物創出能力がどの程度であるかを測定する**営業キャッシュ・フロー対流動負債**比率もある。第28期における**営業キャッシュ・フロー対流動負債**比率は、9.35%（＊2）である。**健全性**分析の中で資本構造分析に該当する比率は、**低い**方が望ましいものが多いが、その逆が望ましい比率として営業キャッシュ・フロー対負債比率、**自己資本**比率、金利負担能力がある。第28期における**金利負担能力**は39.56（＊3）倍である。

(＊1) 立替工事高比率の算定

立替工事高比率(%)

$$= \frac{6,300千円〈受取手形〉 + 921,400千円〈完成工事未収入金〉 + 2,500千円〈未成工事支出金〉 - 181,700千円〈未成工事受入金〉}{2,882,800千円〈完成工事高〉 + 2,500千円〈未成工事支出金〉} \times 100$$

≒ 25.94%

（＊2）　営業キャッシュ・フロー対流動負債比率の算定
　　　(1)　流動負債（期中平均値）の算定
　　　　　　流動負債（期中平均値）＝（1,089,200千円〈第27期末〉＋1,007,500千円〈第28期末〉）÷2
　　　　　　　　　　　　　　　　　＝1,048,350千円
　　　(2)　営業キャッシュ・フロー対流動負債比率の算定

$$\text{営業キャッシュ・フロー対流動負債比率（％）} = \frac{98,000\text{千円〈営業キャッシュ・フロー〉}}{1,048,350\text{千円〈流動負債（期中平均値）〉}} \times 100$$

$$\fallingdotseq \textbf{9.35\%}$$

（＊3）　金利負担能力の算定
　　　(1)　受取利息及び配当金の算定
　　　　　　受取利息及び配当金＝100千円〈受取利息〉＋50千円〈受取配当金〉
　　　　　　　　　　　　　　　＝150千円
　　　(2)　金利負担能力の算定

$$\text{金利負担能力（倍）} = \frac{67,100\text{千円〈営業利益〉} + 150\text{千円〈受取利息及び配当金〉}}{1,700\text{千円〈支払利息〉}}$$

$$\fallingdotseq \textbf{39.56倍}$$

第29回 解 答

第1問 20点 解答にあたっては、各問とも指定した字数以内（句読点含む）で記入すること。

問1

（10／20／25）

クロス・セクション分析とは、特定の企業（自己）と同業他社または業界全体との比較分析をいい、静態分析および動態分析に含まれるものであり、企業間比較分析といわれることもある。❹近年は行政機関や各種研究所などから、業界別の経営分析データが公表されている。❷これらは業界の平均的な姿を知る上で、多様な目的に活用されているが、このような平均値と自己との比較は、自己の特性を把握するため、大いに役立っているといえる。❹

問2

比率分析とは、相互に関係するデータ間の割合である比率を算定して分析することをいう。❷なお、比率分析は、構成比率分析、関係比率分析、趨勢比率分析に区分される。構成比率分析とは、全体の数値に対する構成要素の数値の比率を算定して分析することをいう。❷関係比率分析とは、相互に関係する項目間の比率を算定し、企業の収益性、流動性、健全性、活動性、生産性などを分析することをいう。❷趨勢比率分析とは、ある年度を基準年度とし、その基準年度の財務諸表上の数値に対するその後の各年度の財務諸表上の数値の比率を算定して分析することをいう。❷比率分析は、規模が異なっても企業間比較を有効に行えるが、業種が異なると有効には行えない。❷

第2問 | 15点

記号 （ア～ノ）	1	2	3	4	5	6
	ト	セ	カ	コ	エ	ア
	❷	❶	❶	❶	❶	❷

	7	8	9	10	11
	ス	ソ	サ	チ	ノ
	❶	❶	❷	❶	❷

第3問 | 20点

（A） ❹ | 5 7 0 2 0 　百万円 　（百万円未満を切り捨て）

（B） ❹ | 　　 8 4 0 　百万円 　（　　同　　　上　　）

（C） ❹ 2 1 6 4 0 0 　百万円 　（　　同　　　上　　）

（D） ❹ | 　 1 4 0 　百万円 　（　　同　　　上　　）

損益分岐点比率 　❹ 7 9 . 7 8 　% 　（小数点第3位を四捨五入し、第2位まで記入）

第4問 | 15点

問1 ❸ 1 4 3 0 0 0 0 　千円 　（千円未満を切り捨て）

問2 ❸ 　 6 7 1 6 0 0 　千円 　（　同　　　上　　）

問3 　❸ 2 9 . 6 1 　% 　（小数点第3位を四捨五入し、第2位まで記入）

問4 　❸ 4 4 　人

問5 ❸ 　 6 2 5 0 0 　千円 　（千円未満を切り捨て）

第5問 30点

問1

A 完成工事高キャッシュ・フロー率 ❷ ｜ 3 0 1 ｜ % （小数点第3位を四捨五入し、第2位まで記入）

B 流動比率 ❷ 1 2 9 6 1 % （ 同 上 ）

C 有利子負債月商倍率 ❷ 1 2 4 月 （ 同 上 ）

D 配当性向 ❷ 2 8 6 9 % （ 同 上 ）

E 固定資産回転率 ❷ 5 4 4 回 （ 同 上 ）

F 営業利益増減率 ❷ 1 3 4 8 % （ 同 上 ） 記号（AまたはB） A

G 労働装備率 ❷ 2 1 1 5 0 千円 （千円未満を切り捨て）

H 必要運転資金月商倍率 ❷ 1 5 0 月 （小数点第3位を四捨五入し、第2位まで記入）

I 負債比率 ❷ 2 0 2 4 4 % （ 同 上 ）

J 付加価値対固定資産比率 ❷ 1 4 2 3 4 % （ 同 上 ）

問2 記号（ア～ヨ）

1	2	3	4	5	6	7	8	9	10
タ	サ	チ	モ	ス	ア	ヨ	ソ	ハ	ニ

各❶

●数字…予想配点

● 第1問 ● 理論記述問題

財務分析の基本的手法についての理論記述問題である。

問1 クロス・セクション分析について

クロス・セクション分析とは、特定の企業（自己）と同業他社または業界全体との比較分析をいう。

クロス・セクション分析は、静態分析および動態分析に含まれるものであり、企業間比較分析といわれることもある。

近年は、行政機関や各種研究所などから、業界別の経営分析データが公表されている。これらは、業界の平均的な姿を知る上で、多様な目的に活用されているが、このような平均値と特定の企業（自己）との比較は、自己の特性を把握するために大いに役立っているといえる。

なお、近年は、成功企業の業績を基準と考えて、自社の革新的な業績向上のヒントを得ようとするベンチ・マーキング（bench marking）の手法が注目されているが、これも広い意味でクロス・セクション分析（企業間比較分析）の展開と考えることができる。

問2 比率分析の内容について

比率分析とは、相互に関係するデータ間の割合である比率を算定して分析することをいい、次のように区分される。

比率分析 ─────── 構成比率分析
　　　　　├─── 関係比率分析（特殊比率分析）
　　　　　└─── 趨勢比率分析

構成比率分析とは、全体の数値に対する構成要素の数値の比率（構成比率）を算定して分析することをいう。

関係比率分析（特殊比率分析）とは、相互に関係する項目間の比率を算定し、企業の収益性、流動性、健全性、活動性、生産性などを分析することをいう。

趨勢比率分析とは、ある年度を基準年度とし、その基準年度の財務諸表上の数値に対するその後の各年度の財務諸表上の数値の比率を算定して分析することをいう。

この比率分析は、実数値の大小を捨象した比率を分析の基礎とするため、全体におけるバランスや他の比較可能性のあるデータとの対比に適しており、また、異なる規模の企業間比較についても有効に行える。

したがって、比率分析は、伝統的に経営分析もしくは財務分析の中心的技法として、広く活用されてきている。

第2問 ● 空欄記入問題（記号選択）

空欄を埋めると、次のような文章となる。

> 　**流動性**に関する分析には、関係比率分析・資金保有月数分析・**資産滞留月数**分析がある。建設業の財務分析では、建設業独特の勘定科目に対して特別な配慮を必要とする。関係比率分析において、工事に関係する固有の**流動性**については、**未成工事収支**比率が有効である。この比率は、現在施工中の工事に関する立替状況を分析するものであり、100％**以上**であれば、請負工事に対する支払能力は十分という解釈が成立する。また、すでに完成・引き渡した工事をも含めた工事関連の状況を分析するのが**立替工事高**比率である。この比率の分母と分子の両方に含まれる項目が**未成工事支出金**であり、一般にはこの比率は**小さい**ほうが良好である。
> 　資金保有月数の数値は**大きい**ほど支払能力があり、財務健全性は良好ということになる。これに対し、**資産滞留月数**の数値は、**大きい**ほど資金繰りを圧迫する要因と考えられている。両種類の分析とも計算においては、分母に**完成工事高**を用いる。ただし、**棚卸資産の資産滞留月数**に関しては、厳密にいえば分母には**完成工事高**よりも**完成工事原価**を用いるべきである。

　流動性分析についての空欄記入問題（記号選択）である。

　流動性分析とは、企業の短期的支払能力を分析することをいう。

　短期的支払能力とは、短期的な支払義務に対してどの程度の支払手段を保有しているかによって示される。

　よって、流動性分析は、通常、貸借対照表上の流動資産と流動負債のバランスとして分析される。この流動性分析は、次のように区分される。

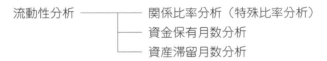

　このうち、関係比率分析（特殊比率分析）とは、主として流動資産あるいはその特定項目と流動負債あるいはその特定項目との比率を測定し、企業の短期的支払能力を分析することをいう。

　この関係比率分析は、次のように区分される。

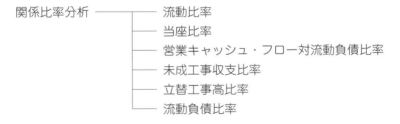

　工事に関係する固有の支払能力について、現在業務進行中の工事に関する立替状況を分析するのに有効な比率は未成工事収支比率である。

　未成工事収支比率とは、未成工事支出金に対する未成工事受入金の割合をいう。

　未成工事収支比率は、現在進行中の工事に関する固有の支払能力（資金の立替状況）を示すものであり、この比率が高ければ資金繰りはそれだけ容易となることから、通常、100％以上が望ましいとされる。

これを算式によって示すと次のようになる。

$$未成工事収支比率(\%) = \frac{未成工事受入金}{未成工事支出金} \times 100$$

　すでに完成・引き渡した工事をも含めた工事関連の資金立替状況を分析する比率として、立替工事高比率がある。

　立替工事高比率とは、現在進行中の工事だけでなく、完成・引渡済みの工事をも含めた工事全般に関する支払能力（資金の立替状況）を示すものである。

　この比率が高い場合には、工事全般に関する資金の滞りが高いことを意味するため、低いほうが望ましい。

　これを算式によって示すと次のようになる。

$$立替工事高比率(\%) = \frac{受取手形＋完成工事未収入金＋未成工事支出金－未成工事受入金}{完成工事高＋未成工事支出金} \times 100$$

　資金保有月数分析とは、資金の保有程度を月数により測定し、その余裕度合いを分析することをいう。なお、この資金保有月数分析は、次のように区分される。

　資金保有月数の数値は大きいほど支払能力があり、その場合の財務健全性は良好といえる。

　資産滞留月数分析とは、支払資金の圧迫要因となる特定項目の滞留程度を月数により測定し、その滞留度合いを分析することをいう。なお、この資産滞留月数分析は、次のように区分される。

　　資産滞留月数分析 ──┬── 受取勘定滞留月数
　　　　　　　　　　　　├── 完成工事未収入金滞留月数
　　　　　　　　　　　　├── 棚卸資産滞留月数
　　　　　　　　　　　　└── 必要運転資金滞留月数

　資産滞留月数は、その数値が大きいほど資金繰りを圧迫する要因と考えられている。

　このうち、棚卸資産滞留月数とは、完成工事高（1カ月分）に対する棚卸資産の割合をいい、棚卸資産が完成工事高になるまでの期間を示すものである。ここで、棚卸資産とは、未成工事支出金および材料貯蔵品をいう。この棚卸資産滞留月数を算式によって示すと次のようになる。

$$棚卸資産滞留月数(月) = \frac{棚卸資産〈未成工事支出金＋材料貯蔵品〉}{完成工事高 \div 12}$$

　資金保有月数分析および資産滞留月数分析ともに、計算においては、分母に完成工事高を用いる。ただし、棚卸資産の滞留月数をより厳密に算出する場合には、分母は完成工事原価を用いるべきである。

第3問 ● 財務諸表項目（一部）の推定と損益分岐点比率の算定

1．未成工事支出金（A）の算定

(1) 完成工事高の算定

$$1.48月〈現金預金手持月数〉 = \frac{35,520百万円〈現金預金〉}{〈完成工事高〉 \div 12}$$

∴　完成工事高 = 288,000百万円

(2) 工事未払金の算定

$$4.50回〈支払勘定回転率〉 = \frac{288,000百万円〈完成工事高〉}{8,580百万円〈支払手形〉 + 〈工事未払金〉}$$

∴　工事未払金 = 55,420百万円

(3) 短期借入金の算定

短期借入金 = 110,000百万円〈流動負債〉 − 8,580百万円〈支払手形〉 − 55,420百万円〈工事未払金〉

　　　　　　 − 3,200百万円〈未払法人税等〉 − 36,000百万円〈未成工事受入金〉

　　　　　 = 6,800百万円

(4) 負債合計の算定

$$7.50月〈負債回転期間〉 = \frac{〈負債合計〉}{288,000百万円〈完成工事高〉 \div 12}$$

∴　負債 = 180,000百万円

(5) 社債の算定

① 固定負債の算定

固定負債 = 180,000百万円〈負債〉 − 110,000百万円〈流動負債〉

　　　　 = 70,000百万円

② 社債の算定

社債 = 70,000百万円〈固定負債〉 − 46,000百万円〈長期借入金〉

　　 = 24,000百万円〈社債〉

(6) 総資本の算定

$$25.60\%〈借入金依存度〉 = \frac{6,800百万円〈短期借入金〉 + 46,000百万円〈長期借入金〉 + 24,000百万円〈社債〉}{〈総資本〉} \times 100$$

∴　総資本 = 300,000百万円

(7) 自己資本の算定

自己資本 = 300,000百万円〈総資本〉 − 180,000百万円〈負債〉

　　　　 = 120,000百万円

(8) 固定資産の算定

$$75.00\%〈固定長期適合比率〉 = \frac{〈固定資産〉}{70,000百万円〈固定負債〉 + 120,000百万円〈自己資本〉} \times 100$$

∴　固定資産合計 = 142,500百万円

(9) 流動資産の算定

流動資産 = 300,000百万円〈総資本〉 − 142,500百万円〈固定資産〉

　　　　 = 157,500百万円

(10) 完成工事未収入金の算定

$$135.00\%〈当座比率〉 = \frac{35,520百万円〈現金預金〉 + 14,600百万円〈受取手形〉 + 〈完成工事未収入金〉}{110,000百万円〈流動負債〉 − 36,000百万円〈未成工事受入金〉} \times 100$$

∴　完成工事未収入金 = 49,780百万円

(11) 未成工事支出金（A）の算定

未成工事支出金（A）＝157,500百万円〈流動資産〉－35,520百万円〈現金預金〉

－14,600百万円〈受取手形〉－49,780百万円〈完成工事未収入金〉

－580百万円〈材料貯蔵品〉

＝**57,020百万円**

2．建設仮勘定（B）の算定

建設仮勘定（B）＝142,500百万円〈固定資産〉－30,460百万円〈建物〉－10,400百万円〈機械装置〉

－5,600百万円〈工具器具備品〉－3,200百万円〈車両運搬具〉－58,000百万円〈土地〉

－34,000百万円〈投資有価証券〉

＝**840百万円**

3．完成工事原価（C）の算定

（1）営業利益の算定

$$13.80倍〈金利負担能力〉＝\frac{〈営業利益〉＋560百万円〈受取利息配当金〉}{1,200百万円〈支払利息〉}$$

∴ 営業利益＝16,000百万円

（2）完成工事原価（C）の算定

完成工事原価（C）＝288,000百万円〈完成工事高〉－55,600百万円〈販売費及び一般管理費〉

－16,000百万円〈営業利益〉

＝**216,400百万円**

4．営業外収益・その他（D）の算定

（1）経常利益の算定

$$4.80\%〈総資本経常利益率〉＝\frac{〈経常利益〉}{300,000百万円〈総資本〉}×100$$

∴ 経常利益＝14,400百万円

（2）営業外収益・その他（D）の算定

14,400百万円〈経常利益〉＝16,000百万円〈営業利益〉＋560百万円〈受取利息配当金〉

＋営業外収益・その他（D）－1,200百万円〈支払利息〉

－1,100百万円〈営業外費用・その他〉

∴ 営業外収益・その他（D）＝**140百万円**

5．損益分岐点比率の算定

（1）〈＊〉損益分岐点比率の分母の算定

〈＊〉＝288,000百万円〈完成工事高〉－216,400百万円〈完成工事原価（C）〉

＋560百万円〈受取利息配当金〉＋140百万円〈営業外収益・その他（D）〉

－1,200百万円〈支払利息〉－1,100百万円〈営業外費用・その他〉＋1,200百万円〈支払利息〉

＝71,200百万円

（2）損益分岐点比率の算定

$$損益分岐点比率（\%）＝\frac{55,600百万円〈販売費及び一般管理費〉＋1,200百万円〈支払利息〉}{71,200百万円〈＊〉}×100$$

∴ 損益分岐点比率≒**79.78%**

解答への道

第4問 ● 生産性分析に関する諸項目の算定問題

問1 完成工事高の算定

$$5.5回〈有形固定資産回転率〉= \frac{〈完成工事高〉}{267,000千円〈有形固定資産〉-7,000千円〈建設仮勘定〉}$$

∴ 完成工事高 = **1,430,000千円**

問2 材料費の算定

$$38.0\%〈付加価値率〉= \frac{1,430,000千円〈完成工事高〉-(〈材料費〉+118,000千円〈労務外注費〉+97,000千円〈外注費〉)}{1,430,000千円〈完成工事高〉} \times 100$$

∴ 材料費 = **671,600千円**

問3 完成工事高総利益率の算定

(1) 完成工事総利益の算定

完成工事総利益 = 1,430,000千円〈完成工事高〉- 671,600千円〈材料費〉- 122,000千円〈労務費〉
      - 97,000千円〈外注費〉- 116,000千円〈経費〉
     = 423,400千円

(2) 完成工事高総利益率の算定

$$完成工事高総利益率(\%) = \frac{423,400千円〈完成工事総利益〉}{1,430,000千円〈完成工事高〉} \times 100$$

∴ 完成工事高総利益率 ≒ **29.61%**

問4 今年度の技術系職員の人数の算定

(1) 付加価値の算定

付加価値 = 1,430,000千円〈完成工事高〉
     - (671,600千円〈材料費〉+ 118,000千円〈労務外注費〉+ 97,000千円〈外注費〉)
    = 543,400千円

(2) 今年度の技術系職員の人数の算定

$$8,360千円〈労働生産性〉= \frac{543,400千円〈付加価値〉}{(43人〈前年度技術系〉+20人〈前年度事務系〉+〈今年度技術系〉+23人〈今年度事務系〉)\div 2}$$

∴ 今年度の技術系職員の人数 = **44人**

問5 投資その他の資産の算定

(1) 総職員数（期中平均値）の算定

総職員数(期中平均値) = (43人〈前年度技術系〉+ 20人〈前年度事務系〉
        + 44人〈今年度技術系〉+ 23人〈今年度事務系〉) ÷ 2
       = 65人

(2) 総資本の算定

$$10,400千円〈資本集約度〉= \frac{〈総資本〉}{65人〈総職員数(期中平均値)〉}$$

∴ 総資本 = **676,000千円**

(3) 投資その他の資産の算定

投資その他の資産 = 676,000千円〈総資本〉- 342,000千円〈流動資産〉
         - 267,000千円〈有形固定資産〉- 4,500千円〈無形固定資産〉
        = **62,500千円**

第29回

第5問 ● 諸比率の算定問題および空欄記入問題（記号選択）

問1　諸比率の算定問題

A　完成工事高キャッシュ・フロー率の算定

（1）純キャッシュ・フローの算定

① 引当金増減額の算定

第28期末引当金合計額＝7,100千円〈貸倒引当金(流動資産)〉

　　　　　　　　　　　＋33,000千円〈貸倒引当金(固定資産)〉

　　　　　　　　　　　＋13,300千円〈完成工事補償引当金〉

　　　　　　　　　　　＋16,200千円〈工事損失引当金〉＋6,400千円〈退職給付引当金〉

　　　　　　　　　　　＝76,000千円

第29期末引当金合計額＝7,000千円〈貸倒引当金(流動資産)〉

　　　　　　　　　　　＋30,600千円〈貸倒引当金(固定資産)〉

　　　　　　　　　　　＋20,200千円〈完成工事補償引当金〉

　　　　　　　　　　　＋19,300千円〈工事損失引当金〉＋12,500千円〈退職給付引当金〉

　　　　　　　　　　　＝89,600千円

∴　引当金増減額＝89,600千円〈第29期末〉－76,000千円〈第28期末〉

　　　　　　　　　＝13,600千円

② 純キャッシュ・フローの算定

純キャッシュ・フロー＝216,090千円〈当期純利益(税引後)〉－18,200千円〈法人税等調整額〉

　　　　　　　　　　　＋23,000千円〈当期減価償却実施額〉＋13,600千円〈引当金増減額〉

　　　　　　　　　　　－62,000千円〈剰余金の配当の額〉

　　　　　　　　　　　＝172,490千円

（2）完成工事高キャッシュ・フロー率の算定

$$完成工事高キャッシュ・フロー率（\%）＝\frac{172,490千円〈純キャッシュ・フロー〉}{5,738,400千円〈完成工事高〉}\times 100$$

　　　　　　　　　　　　　　　　　≒**3.01%**

B　流動比率

$$流動比率（\%）＝\frac{2,865,050千円〈流動資産〉－129,400千円〈未成工事支出金〉}{2,319,900千円〈流動負債〉－209,300千円〈未成工事受入金〉}\times 100$$

　　　　　　≒**129.61%**

C　有利子負債月商倍率

（1）有利子負債の算定

有利子負債＝246,700千円〈短期借入金〉＋100,000千円〈1年以内償還の社債〉

　　　　　　＋100,000千円〈社債〉＋148,600千円〈長期借入金〉

　　　　　　＝595,300千円

（2）有利子負債月商倍率の算定

$$有利子負債月商倍率（月）＝\frac{595,300千円〈有利子負債〉}{5,738,400千円〈完成工事高〉÷12}$$

　　　　　　　　　　　　　≒**1.24月**

D　配当性向

$$配当性向（\%）＝\frac{62,000千円〈配当金〉}{216,090千円〈当期純利益〉}\times 100$$

　　　　　　≒**28.69%**

168

E 固定資産回転率の算定

(1) 固定資産（期中平均値）の算定

固定資産(期中平均値) = (1,039,000千円〈第28期末〉 + 1,069,000千円〈第29期末〉) ÷ 2
= 1,054,000千円

(2) 固定資産回転率の算定

$$固定資産回転率(回) = \frac{5,738,400千円〈完成工事高〉}{1,054,000千円〈固定資産(期中平均値)〉}$$
≒ **5.44回**

F 営業利益増減率

$$営業利益増減率(\%) = \frac{331,700千円〈第29期〉 - 292,300千円〈第28期〉}{292,300千円〈第28期〉} \times 100$$
≒ **13.48%「A」**

G 労働装備率

(1) 有形固定資産 − 建設仮勘定（期中平均値）の算定

第28期末有形固定資産 − 建設仮勘定 = 751,800千円〈有形固定資産〉 − 12,000千円〈建設仮勘定〉
= 739,800千円

第29期末有形固定資産 − 建設仮勘定 = 779,400千円〈有形固定資産〉 − 38,700千円〈建設仮勘定〉
= 740,700千円

∴ 有形固定資産 − 建設仮勘定(期中平均値) = (739,800千円〈第28期末〉
+ 740,700千円〈第29期末〉) ÷ 2
= 740,250千円

(2) 総職員数（期中平均値）の算定

総職員数(期中平均値) = (34人〈第28期末〉 + 36人〈第29期末〉) ÷ 2
= 35人

(3) 労働装備率の算定

$$労働装備率(千円) = \frac{740,250千円〈有形固定資産 − 建設仮勘定(期中平均値)〉}{35人〈総職員数(期中平均値)〉}$$
= **21,150千円**

H 必要運転資金月商倍率

(1) 必要運転資金の算定

必要運転資金 = 243,000千円〈受取手形〉 + 2,015,000千円〈完成工事未収入金〉
+ 129,400千円〈未成工事支出金〉 − 116,000千円〈支払手形〉
− 1,346,000千円〈工事未払金〉 − 209,300千円〈未成工事受入金〉
= 716,100千円

(2) 必要運転資金月商倍率の算定

$$必要運転資金月商倍率(月) = \frac{716,100千円〈必要運転資金〉}{5,738,400千円〈完成工事高〉 ÷ 12}$$
≒ **1.50月**

I 負債比率

$$負債比率(\%) = \frac{2,319,900千円〈流動負債〉 + 313,400千円〈固定負債〉}{1,300,750千円〈自己資本〉} \times 100$$
≒ **202.44%**

J　付加価値対固定資産比率
　　(1)　付加価値の算定
　　　　付加価値＝5,738,400千円〈完成工事高〉
　　　　　　　　　－（939,500千円〈材料費〉＋62,600千円〈労務外注費〉＋3,236,000千円〈外注費〉）
　　　　　　　　＝1,500,300千円
　　(2)　固定資産（期中平均値）＝（1,039,000千円〈第28期末〉＋1,069,000千円〈第29期末〉）÷2
　　　　　　　　　　　　　　　　＝1,054,000千円
　　(3)　付加価値対固定資産比率（％）＝$\dfrac{1,500,300千円〈付加価値〉}{1,054,000千円〈固定資産（期中平均値）〉} \times 100$
　　　　　　　　　　　　　　　　　　≒142.34％

問2　空欄記入問題（記号選択）

空欄を埋めると、次のような文章となる。

　　資本利益率は、構成要素として様々なものがある。分母において、本来の経営活動に使用されている資本を**経営資本**といい、ここには本来の営業活動に投下されていない建設仮勘定、**子会社株式**などの固定資産は除外される。なお、この資本と比較されるべき分子としては**営業利益**が用いられるべきである。これから求められる利益率は収益性分析の中心といえる指標であり、第29期においては**9.54**（＊1）％である。また、経営事項審査の経営状況で用いられている資本利益率は、**総資本**に対する**完成工事総利益**の比率であり、第29期においてこの比率は**13.72**（＊2）％である。なお、資本利益率は売上高利益率と**活動性**分析である資本回転率の2つに分解することができる。資本利益率9.54％の数値は、売上高利益率**5.78**（＊3）％と資本回転率**1.65**（＊4）回の積で求められる。

（＊1）　経営資本営業利益率の算定
　　(1)　経営資本（期中平均値）の算定
　　　　第28期末経営資本＝3,631,400千円〈総資本〉
　　　　　　　　　　　　　－（12,000千円〈建設仮勘定〉＋281,600千円〈投資その他の資産〉）
　　　　　　　　　　　　＝3,337,800千円
　　　　第29期末経営資本＝3,934,050千円〈総資本〉
　　　　　　　　　　　　　－（38,700千円〈建設仮勘定〉＋282,000千円〈投資その他の資産〉）
　　　　　　　　　　　　＝3,613,350千円
　　　　経営資本（期中平均値）＝（3,337,800千円〈第28期末〉＋3,613,350千円〈第29期末〉）÷2
　　　　　　　　　　　　　　　＝3,475,575千円
　　(2)　経営資本営業利益率の算定
　　　　経営資本営業利益率（％）＝$\dfrac{331,700千円〈営業利益〉}{3,475,575千円〈経営資本（期中平均値）〉} \times 100$
　　　　　　　　　　　　　　　　≒9.54％
（＊2）　総資本完成工事総利益率の算定
　　(1)　総資本（期中平均値）の算定
　　　　総資本（期中平均値）＝（3,631,400千円〈第28期末〉＋3,934,050千円〈第29期末〉）÷2
　　　　　　　　　　　　　　＝3,782,725千円

(2) 総資本完成工事総利益率の算定

$$総資本完成工事総利益率(\%)=\frac{519,000千円〈完成工事総利益〉}{3,782,725千円〈総資本(期中平均値)〉}\times100$$
$$≒13.72\%$$

(＊3) 売上高利益率（完成工事高営業利益率）の算定

$$完成工事高営業利益率(\%)=\frac{331,700千円〈営業利益〉}{5,738,400千円〈完成工事高〉}\times100$$
$$≒5.78\%$$

(＊4) 資本回転率（経営資本回転率）の算定

$$経営資本回転率(回)=\frac{5,738,400千円〈完成工事高〉}{3,475,575千円〈経営資本(期中平均値)〉}$$
$$≒1.65回$$

解答への道

第29回

第2部 解答・解答への道編

第1問 20点 解答にあたっては、各問とも指定した字数以内（句読点含む）で記入すること。

問1

									10										20						25
外	部	分	析	と	は	、	企	業	外	部	の	利	害	関	係	者	が	利	用	す	る	た	め	に
行	わ	れ	る	財	務	分	析	を	い	う	。❸	な	お	、	代	表	的	な	企	業	外	部	の	利
害	関	係	者	と	し	て	、	投	資	家	、	株	主	、	銀	行	等	、	監	査	人	、	税	務
当	局	、	組	合	が	挙	げ	ら	れ	る	。❷	各	利	害	関	係	者	の	財	務	分	析	の	目
的	は	、	次	の	通	り	で	あ	る	。	投	資	家	は	株	券	や	債	券	の	購	入	に	関
す	る	投	資	意	思	決	定	情	報	の	入	手	、	株	主	は	自	身	の	保	有	す	る	株
式	の	売	却	に	関	す	る	判	断	資	料	の	入	手	、	銀	行	等	は	債	務	返	済	能
力	の	判	断	資	料	の	入	手	、	監	査	人	は	監	査	に	関	す	る	参	考	資	料	の
入	手	、	税	務	当	局	は	申	告	所	得	の	適	正	性	に	関	す	る	参	考	資	料	の
入	手	、	組	合	は	交	渉	に	必	要	な	資	料	を	入	手	す	る	た	め	で	あ	る	。❺

問2

									10										20						25
外	部	分	析	は	、	企	業	外	部	の	利	害	関	係	者	が	利	用	す	る	た	め	、	企
業	の	財	務	諸	表	上	の	数	値	に	も	と	づ	い	て	行	わ	れ	る	財	務	分	析	で
あ	る	。❷	当	該	分	析	で	利	用	さ	れ	る	財	務	諸	表	上	の	数	値	は	、	過	去
に	公	表	さ	れ	た	企	業	活	動	の	成	果	を	示	す	数	値	で	あ	り	、	現	在	の
経	済	の	動	き	や	景	気	の	変	動	に	基	づ	く	企	業	の	状	況	を	十	分	に	反
映	す	る	こ	と	は	で	き	な	い	。❸	企	業	は	、	企	業	活	動	を	通	じ	て	現	状
を	把	握	し	、	現	状	に	即	し	た	分	析	と	評	価	が	で	き	る	の	に	対	し	、
企	業	外	部	の	利	害	関	係	者	は	、	過	去	の	数	値	と	い	う	限	定	さ	れ	た
情	報	で	の	分	析	と	な	る	。❸	よ	っ	て	、	外	部	分	析	で	は	保	有	す	る	情
報	に	差	が	生	じ	る	（	情	報	の	非	対	称	性	）	と	い	う	限	界	が	あ	る	。❷

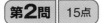

第2問 15点

	1	2	3	4	5
記号 （ア〜ノ）	ウ	カ	ア	シ	エ
	❷	❷	❷	❷	❷

6	7	8	9
ト	サ	ス	ノ
❷	❶	❶	❶

第3問 20点

（A） ❹ 8 9 0 0 0 百万円 （百万円未満を切り捨て）

（B） ❹ 8 2 0 0 0 百万円 （ 同 上 ）

（C） ❹ 9 6 0 0 0 百万円 （ 同 上 ）

（D） ❹ 1 7 1 0 百万円 （ 同 上 ）

自己資本経常利益率 ❹ 1 0 . 0 3 ％ （小数点第3位を四捨五入し、第2位まで記入）

第4問 15点

問1 ❸ 6 3 2 4 0 千円 （千円未満を切り捨て）

問2 ❸ 3 5 1 3 3 千円 （ 同 上 ）

問3 ❸ 1 8 7 1 9 千円 （ 同 上 ）

問4 ❸ 1 . 4 6 ％ （小数点第3位を四捨五入し、第2位まで記入）

問5 ❸ 6 6 3 0 9 千円 （千円未満を切り捨て）

第5問 30点

問1

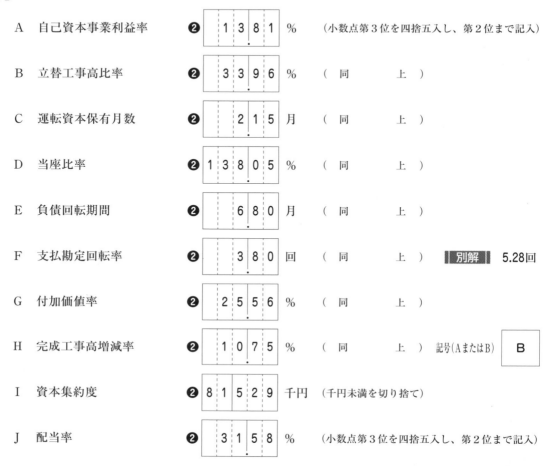

A　自己資本事業利益率　❷　1 3 8 1 ％　（小数点第3位を四捨五入し、第2位まで記入）

B　立替工事高比率　❷　3 3 9 6 ％　（　同　　　上　）

C　運転資本保有月数　❷　2 1 5 月　（　同　　　上　）

D　当座比率　❷　1 3 8 0 5 ％　（　同　　　上　）

E　負債回転期間　❷　6 8 0 月　（　同　　　上　）

F　支払勘定回転率　❷　3 8 0 回　（　同　　　上　）　■別解■ 5.28回

G　付加価値率　❷　2 5 5 6 ％　（　同　　　上　）

H　完成工事高増減率　❷　1 0 7 5 ％　（　同　　　上　）　記号（AまたはB）　B

I　資本集約度　❷　8 1 5 2 9 千円　（千円未満を切り捨て）

J　配当率　❷　3 1 5 8 ％　（小数点第3位を四捨五入し、第2位まで記入）

問2　記号（ア～モ）

1	2	3	4	5	6	7	8	9	10
カ	コ	イ	ク	ハ	ト	サ	タ	シ	ニ

各❶

●数字…予想配点

174

第30回 解答への道

第1問 ● 理論記述問題

外部分析についての理論記述問題である。

問1 各利害関係者の観点からの外部分析の目的について

外部分析とは、企業外部の利害関係者が利用するために行われる財務分析をいう。

なお、代表的な企業外部の利害関係者とその財務分析の目的は次のとおりである。

- 投資家：株式や債券を購入すべきか否かの投資意思決定の情報を得るため
- 株　主：自身の保有する株式を売却すべきか否かの判断資料を得るため
- 銀行等：債務返済能力を有しているか否かの判断資料を得るため
- 監査人：経理会計が公正妥当な会計基準に準拠して行われているか否かを監査するための参考資料を得るため
- 税務当局：申告所得が適正に算定されたか否かの参考資料を得るため
- 組　合：ベースアップなどの交渉に必要な資料を得るため

問2 外部分析の限界について

外部分析は、企業外部の利害関係者が利用するため、企業の財務諸表上の数値にもとづいて行われる財務分析である。

企業の財務諸表上の数値は、過去に公表された企業活動の成果を示す数値である。

外部分析は、過去の企業の成果を示す財務諸表上の数値にもとづいて行われるものであるため、現在の経済の動きや景気の動向・変動などを十分に反映することができないという限界があるといえる。

この限界により、企業外部の利害関係者は過去の数値という限定された情報での分析となる。

よって、外部分析は、入手可能な情報が限定される場合があり、保有する情報に差が生じてしまうといった限界があるといえ、これを情報の非対称性という。

第2問 ● 空欄記入問題（記号選択）

空欄を埋めると、次のような文章となる。

> 建設業の特性は、単品産業であり移動産業であることから、他の産業と比べて貸借対照表上の**固定資産**の構成比が相対的に低く、逆に**流動資産**の構成比が高い。そのため、生産性分析上の**労働装備率**は低く、**設備投資効率**は高くなる傾向がある。
>
> 損益計算書に関していえば、一般の総合建設会社は、工事を請け負うと工事ごとに数多くの専門の工事業者である下請業者に発注するため、**外注費**の割合が高く、**完成工事原価**率が高い。また、固定資産と関連した**減価償却費**が比較的少ない。通常、減価償却費は完成工事原価の経費に組み入れられるが、**販売費及び一般管理費の減価償却費**も製造業に対比して大幅に低いといえる。

建設業の特性についての空欄記入問題（記号選択）である。

建設業の特性として、単品産業であり移動産業であること、下請制度に依存することが多いことなどが挙げられる。

これより、建設業の財務構造上、以下の特性が見られることになる。

（貸借対照表における資産の構造の特徴）
・総資産に対する固定資産の構成比が他産業に比べて著しく低く、流動資産の構成比が高い。

これは、未成工事支出金が巨額となるためであり、受注工事を前提とする請負工事によるものである。

また、固定資産の構成比が低いということは、その効率性が良好であることを示しているため、設備投資効率は高くなる傾向があり、他方、労働装備率は低くなる傾向があるということを示しているため、生産性分析上の課題があるといえよう。

（損益計算書における収益・費用の特徴）
・完成工事原価の構成比が高く、なかでも外注費の構成比が高い。

建設業では、請け負った工事ごとに数多くの工事を専門とする下請業者に発注し、その下請業者に工事の完成を依存することが多くなる。

このため、完成工事原価のうち、もっとも巨額を占めるのが外注費となり、完成工事原価の構成比も高くなる。

・販売費及び一般管理費が相対的に少なく、なかでも減価償却費等が少ないため、販売費及び一般管理費の構成比が低い。

建設業は、卸売・小売業のように販売を専業としていないため、販売手数料や荷造運搬費等が比較的少なく、また、製造業に比して固定資産への投資が少ないため減価償却費も比較的少なくなり、その結果、販売費及び一般管理費が相対的に少なくなる。

このため、販売費及び一般管理費の構成比は低くなる。

・財務構造との関連から支払利息等が少ないため、支払利息等の構成比が低い。

建設業の財務構造の特徴として、社債、長期借入金等の固定負債が少ないことから、これらに関連する財務費用である金融費用（支払利息・割引料等）が少なくなる。

このため、支払利息等の構成比は低くなる。

■ 第3問 ● 財務諸表項目（一部）の推定と自己資本経常利益率の算定

1. 現金預金（A）の算定
（1）流動資産－未成工事支出金の算定

$$120.00\% \langle 流動比率（建設業）\rangle = \frac{\langle 流動資産－未成工事支出金 \rangle}{388{,}000百万円 \langle 流動負債 \rangle - 68{,}000百万円 \langle 未成工事受入金 \rangle} \times 100$$

∴ 流動資産－未成工事支出金＝384,000百万円

（2）棚卸資産の算定

$$1.25月 \langle 棚卸資産滞留月数 \rangle = \frac{\langle 棚卸資産 \rangle}{840{,}000百万円 \langle 完成工事高 \rangle \div 12}$$

∴ 棚卸資産＝87,500百万円

(3) 未成工事支出金の算定

未成工事支出金 ＝ 87,500百万円〈棚卸資産〉－ 1,000百万円〈材料貯蔵品〉

＝ 86,500百万円

(4) 流動資産の算定

384,000百万円〈流動資産－未成工事支出金〉＝ 流動資産 － 86,500百万円〈未成工事支出金〉

∴ 流動資産 ＝ 470,500百万円

(5) 受取手形の算定

$$4.20月〈受取勘定滞留月数〉＝ \frac{196,000百万円〈完成工事未収入金〉＋〈受取手形〉}{840,000百万円〈完成工事高〉÷12}$$

∴ 受取手形 ＝ 98,000百万円

(6) 現金預金（A）の算定

現金預金（A）＝ 470,500百万円〈流動資産〉

－ 98,000百万円〈受取手形〉－ 196,000百万円〈完成工事未収入金〉

－ 86,500百万円〈未成工事支出金〉－ 1,000百万円〈材料貯蔵品〉

＝ 89,000百万円

2．投資有価証券（B）の算定

(1) 総資本の算定

$$1.05回〈総資本回転率〉＝ \frac{840,000百万円〈完成工事高〉}{〈総資本〉}$$

∴ 総資本 ＝ 800,000百万円

(2) 経営資本の算定

$$1.20回〈経営資本回転率〉＝ \frac{840,000百万円〈完成工事高〉}{〈経営資本〉}$$

∴ 経営資本 ＝ 700,000百万円

(3) 投資有価証券（B）の算定

700,000百万円〈経営資本〉＝ 800,000百万円〈総資本〉

－ 18,000百万円〈建設仮勘定〉－ 投資有価証券（B）

∴ 投資有価証券（B）＝ 82,000百万円

3．資本剰余金（C）の算定

(1) 長期借入金の算定

$$16.90\%〈借入金依存度〉＝ \frac{35,200百万円〈短期借入金〉＋〈長期借入金〉}{800,000百万円〈総資本〉}×100$$

∴ 長期借入金 ＝ 100,000百万円（＝固定負債）

(2) 資本剰余金（C）の算定

資本剰余金（C）＝ 800,000百万円〈総資本〉－ 388,000百万円〈流動負債〉－ 100,000百万円〈固定負債〉

－ 156,000百万円〈資本金〉－ 60,000百万円〈利益剰余金〉

＝ 96,000百万円

4．受取利息配当金（D）の算定

(1) 営業利益の算定

$$4.50\%〈経営資本営業利益率〉＝ \frac{〈営業利益〉}{700,000百万円〈経営資本〉}×100$$

∴ 営業利益 ＝ 31,500百万円

(2) 受取利息配当金（D）の算定

$$12.30倍〈金利負担能力〉= \frac{31,500百万円〈営業利益〉+〈受取利息配当金（D）〉}{2,700百万円〈支払利息〉}$$

∴ 受取利息配当金（D）= **1,710百万円**

5．自己資本経常利益率の算定

(1) 経常利益の算定

経常利益 = 31,500百万円〈営業利益〉

　　　　　+ 1,710百万円〈受取利息配当金（D）〉+ 1,400百万円〈営業外収益・その他〉

　　　　　− 2,700百万円〈支払利息〉− 610百万円〈営業外費用・その他〉

　　　　　= 31,300百万円

(2) 自己資本の算定

自己資本 = 156,000百万円〈資本金〉+ 96,000百万円〈資本剰余金（C）〉+ 60,000百万円〈利益剰余金〉

　　　　　= 312,000百万円

(3) 自己資本経常利益率の算定

$$自己資本経常利益率（\%）= \frac{31,300百万円〈経常利益〉}{312,000百万円〈自己資本〉} \times 100$$

∴ 自己資本経常利益率 ≒ **10.03%**

第4問 ● 損益分岐点分析に関する諸項目の算定問題

問1 第5期完成工事高の算定

(1) 損益分岐点比率の算定

損益分岐点比率 = 100.0% − 7.5%〈安全余裕率〉

　　　　　　　　= 92.5%

(2) 完成工事高の算定

$$92.5\%〈損益分岐点比率〉= \frac{58,497千円〈損益分岐点の完成工事高〉}{〈完成工事高〉} \times 100$$

∴ 完成工事高 = **63,240千円**

問2 第5期資本回収点の完成工事高の算定

(1) 総資本の算定

$$1.2回〈総資本回転率〉= \frac{63,240千円〈完成工事高〉}{〈総資本〉}$$

∴ 総資本 = **52,700千円**

(2) 変動的資本の算定

変動的資本 = 52,700千円 × 75.0%〈変動的資本率〉

　　　　　　= 39,525千円

(3) 固定的資本の算定

固定的資本 = 52,700千円〈総資本〉− 39,525千円〈変動的資本〉

　　　　　　= 13,175千円

(4) 資本回収点の完成工事高の算定

$$資本回収点の完成工事高 = \frac{13,175千円〈固定的資本〉}{1 - \dfrac{39,525千円〈変動的資本〉}{63,240千円〈完成工事高〉}}$$

　　　　　　　　　　　　≒ **35,133千円**

問3 第5期固定費の算定

(1) 変動費率の算定

$$変動費率（\%）=\frac{43,003.2千円〈変動費〉}{63,240千円〈完成工事高〉}\times100$$
$$=68.0\%$$

(2) 固定費の算定

$$固定費=58,497千円〈損益分岐点の完成工事高〉$$
$$-58,497千円〈損益分岐点の完成工事高〉\times68.0\%〈変動費率〉$$
$$≒18,719千円$$

問4 第5期完成工事高営業利益率の算定

(1) 完成工事総利益の算定

$$完成工事総利益=63,240千円〈完成工事高〉\times15.0\%$$
$$=9,486千円$$

(2) 販売費及び一般管理費の算定

$$92.5\%〈損益分岐点比率〉=\frac{〈販売費及び一般管理費〉+214千円〈支払利息〉}{9,486千円〈完成工事総利益〉-214千円〈営業外損益〉+214千円〈支払利息〉}\times100$$
$$\therefore\quad 販売費及び一般管理費=8,560.55千円$$

(3) 営業利益の算定

$$営業利益=9,486千円〈完成工事総利益〉-8,560.55千円$$
$$=925.45千円$$

(4) 完成工事高営業利益率の算定

$$完成工事高営業利益率（\%）=\frac{925.45千円〈営業利益〉}{63,240千円〈完成工事高〉}\times100$$
$$≒1.46\%$$

問5 第6期完成工事高の算定

(1) 貢献利益率の算定

$$貢献利益率=100.0\%-68.0\%〈変動費率〉$$
$$=32.0\%$$

(2) 第6期固定費の算定

$$第6期固定費=18,719千円+1,000千円$$
$$=19,719千円$$

(3) 第6期完成工事高の算定

$$第6期完成工事高=\frac{19,719千円〈第6期固定費〉+1,500千円〈目標利益〉}{32.0\%〈貢献利益率〉}\times100$$
$$≒66,309千円$$

第5問 ● 諸比率の算定問題および空欄記入問題（記号選択）

問1 諸比率の算定問題

A 自己資本事業利益率

(1) 自己資本（期中平均値）の算定

自己資本（期中平均値）＝（993,500千円〈第29期末自己資本〉

$$+1,068,900千円〈第30期末自己資本〉)÷2$$
$$=1,031,200千円$$

(2) 事業利益の算定

$$支払利息=10,820千円〈支払利息〉+1,000千円〈社債利息〉$$
$$=11,820千円$$

$$事業利益=130,620千円〈経常利益〉+11,820千円〈支払利息〉$$
$$=142,440千円$$

(3) 自己資本事業利益率の算定

$$自己資本事業利益率(\%)=\frac{142,440千円〈事業利益〉}{1,031,200千円〈自己資本(期中平均値)〉}\times100$$
$$≒13.81\%$$

B　立替工事高比率

(1) 分子〈＊〉(＝受取手形＋完成工事未収入金＋未成工事支出金－未成工事受入金)の算定

$$分子〈＊〉=13,100千円〈受取手形〉+1,531,800千円〈完成工事未収入金〉$$
$$+216,700千円〈未成工事支出金〉-256,100千円〈未成工事受入金〉$$
$$=1,505,500千円$$

(2) 立替工事高比率の算定

$$立替工事高比率(\%)=\frac{1,505,500千円〈＊〉}{4,216,200千円〈完成工事高〉+216,700千円〈未成工事支出金〉}\times100$$
$$≒33.96\%$$

C　運転資本保有月数

$$運転資本保有月数(月)=\frac{2,439,780千円〈流動資産〉-1,684,300千円〈流動負債〉}{4,216,200千円〈完成工事高〉÷12}$$
$$≒2.15月$$

D　当座比率

(1) 当座資産の算定

$$当座資産=426,300千円〈現金預金〉$$
$$+(13,100千円〈受取手形〉+1,531,800千円〈完成工事未収入金〉$$
$$-100千円〈貸倒引当金(流動資産)〉)$$
$$+480千円〈有価証券〉$$
$$=1,971,580千円$$

(2) 当座比率の算定

$$当座比率〈建設業〉(\%)=\frac{1,971,580千円〈当座資産〉}{1,684,300千円〈流動負債〉-256,100千円〈未成工事受入金〉}\times100$$
$$≒138.05\%$$

E　負債回転期間

$$負債回転期間(月)=\frac{1,684,300千円〈流動負債〉+705,300千円〈固定負債〉}{4,216,200千円〈完成工事高〉÷12}$$
$$≒6.80月$$

F 支払勘定回転率

(1) 支払勘定（期中平均値）の算定

第29期末支払勘定＝115,200千円〈支払手形〉＋767,900千円〈工事未払金〉

＋325,700千円〈電子記録債務〉

＝1,208,800千円

第30期末支払勘定＝65,600千円〈支払手形〉＋646,900千円〈工事未払金〉

＋297,800千円〈電子記録債務〉

＝1,010,300千円

支払勘定（期中平均値）＝（1,208,800千円〈第29期末〉＋1,010,300千円〈第30期末〉）÷ 2

＝1,109,550千円

(2) 支払勘定回転率の算定

$$支払勘定回転率（回）＝\frac{4,216,200千円〈完成工事高〉}{1,109,550千円〈支払勘定（期中平均値）〉}$$

≒ **3.80回**

|別解|

(1) 支払勘定（期中平均値）の算定

第29期末支払勘定＝115,200千円〈支払手形〉＋767,900千円〈工事未払金〉

＝883,100千円

第30期末支払勘定＝65,600千円〈支払手形〉＋646,900千円〈工事未払金〉

＝712,500千円

支払勘定（期中平均値）＝（883,100千円〈第29期末〉＋712,500千円〈第30期末〉）÷ 2

＝797,800千円

(2) 支払勘定回転率の算定

$$支払勘定回転率（回）＝\frac{4,216,200千円〈完成工事高〉}{797,800千円〈支払勘定（期中平均値）〉}$$

≒ **5.28回**

G 付加価値率

(1) 付加価値の算定

付加価値＝4,216,200千円〈完成工事高〉

－（727,100千円〈材料費〉＋39,000千円〈労務外注費〉＋2,372,600千円〈外注費〉）

＝1,077,500千円

(2) 付加価値率の算定

$$付加価値率（％）＝\frac{1,077,500千円〈付加価値〉}{4,216,200千円〈完成工事高〉}×100$$

≒ **25.56％**

H 完成工事高増減率

$$完成工事高増減率（％）＝\frac{4,216,200千円〈第30期〉－4,724,100千円〈第29期〉}{4,724,100千円〈第29期〉}×100$$

≒ **△10.75％ 「B」**

第30回

I 資本集約度
(1) 総資本（期中平均値）の算定

総資本(期中平均値) = (3,226,900千円〈第29期末〉＋3,458,500千円〈第30期末〉) ÷ 2
= 3,342,700千円

(2) 総職員数（期中平均値）の算定

総職員数(期中平均値) = (42人〈第29期末〉＋40人〈第30期末〉) ÷ 2
= 41人

(3) 資本集約度の算定

$$資本集約度(千円) = \frac{3,342,700千円〈総資本（期中平均値）〉}{41人〈総職員数（期中平均値）〉}$$
≒ 81,529千円

J 配当率

$$配当率(\%) = \frac{37,900千円〈配当金〉}{120,000千円〈資本金〉} \times 100$$
≒ 31.58%

問2 空欄記入問題（記号選択）

空欄を埋めると、次のような文章となる。

安全性分析の一つである健全性分析は、さらに、自己資本と他人資本とのバランスなどを見る**資本構造**分析、有形固定資産と長期的な調達資本とのバランスなどを見る**投資構造**分析、そして利益分配性向分析の三つに分けられる。**資本構造**分析において、指標の数値が高いほど財務の健全性に懸念が生じるのが、**固定負債比率**と**負債比率**である。この両指標の数値を比較するとより低い数値となるのが**固定負債比率**であり、第30期における同比率は、**65.98**（＊1）%となっている。また、自己資本比率と同様に数値が高いほど望ましく、債務の返済にあたって企業が営業活動から内部的に創出した資金で返済を行うことができるかを見る指標が**営業キャッシュ・フロー対負債比率**である。**投資構造**分析において、一般に固定資産への投資は自己資本の範囲内で実施することが理想とされており、これを判断するための指標が**固定比率**である。建設業において大企業のこの数値は、中小企業の数値と比べると**小さい**のが一般的である。また、流動比率と表裏の関係にあるのが**固定長期適合比率**である。第30期における同比率は、**28.89**（＊2）%となっている。

（＊1） 固定負債比率の算定

$$固定負債比率(\%) = \frac{705,300千円〈固定負債〉}{1,068,900千円〈自己資本〉} \times 100$$
≒ 65.98%

（＊2） 固定長期適合比率の算定

$$固定長期適合比率(\%) = \frac{512,600千円〈有形固定資産〉}{705,300千円〈固定負債〉＋1,068,900千円〈自己資本〉} \times 100$$
≒ 28.89%

第31回 解 答

第1問 20点　解答にあたっては、各問とも指定した字数以内（句読点を含む）で記入すること。

問1

									10										20					25
対	完	成	工	事	高	比	率	と	は	、	企	業	が	一	定	期	間	（	通	常	、	1	年	）
に	獲	得	し	た	完	成	工	事	高	に	対	す	る	各	種	の	利	益	や	費	用	な	ど	の
割	合	を	い	い	、	完	成	工	事	高	利	益	率	、	完	成	工	事	高	対	費	用	比	率
、	完	成	工	事	高	対	キ	ャ	ッ	シ	ュ	・	フ	ロ	ー	比	率	に	区	分	さ	れ	る	。❸
⁵この	の	う	ち	、	完	成	工	事	高	利	益	率	と	は	、	完	成	工	事	高	に	対	す	る
利	益	の	割	合	を	い	い	、	完	成	工	事	高	総	利	益	率	、	完	成	工	事	高	営
業	利	益	率	等	が	あ	る	。❷	ま	た	、	完	成	工	事	高	対	費	用	比	率	と	は	、
完	成	工	事	高	に	対	す	る	費	用	の	割	合	を	い	い	、	完	成	工	事	高	対	販
売	費	及	び	一	般	管	理	費	率	、	完	成	工	事	高	対	金	融	費	用	率	等	が	あ
¹⁰る	。❷	各	種	利	益	の	大	小	は	販	売	費	及	び	一	般	管	理	費	や	金	融	費	用
等	の	影	響	を	受	け	る	為	、	更	に	詳	細	に	完	成	工	事	高	利	益	率	の	原
因	分	析	を	行	う	際	に	完	成	工	事	高	対	費	用	比	率	が	用	い	ら	れ	る	。❸

問2

純	支	払	利	息	比	率	と	は	、	完	成	工	事	高	に	対	す	る	純	支	払	利	息	の
割	合	を	い	い	、	完	成	工	事	高	で	純	支	払	利	息	を	ど	の	程	度	賄	っ	て
い	る	か	を	示	す	も	の	で	あ	る	。❹	こ	こ	で	、	純	支	払	利	息	と	は	、	支
払	利	息	か	ら	受	取	利	息	及	び	配	当	金	を	控	除	し	た	も	の	を	い	う	。❷
⁵な	お	、	純	支	払	利	息	比	率	の	値	が	大	き	い	場	合	、	借	入	金	依	存	度
が	高	く	支	払	利	息	等	の	金	融	費	用	の	金	額	が	受	取	利	息	及	び	配	当
金	の	金	額	を	大	き	く	上	回	っ	て	い	る	こ	と	を	示	し	て	お	り	、	そ	の
結	果	収	益	性	に	も	大	き	く	影	響	す	る	の	で	注	意	が	必	要	で	あ	る	。❹

第2問　15点

記号	1	2	3	4	5
（TまたはF）	T	T	F	F	T

❸　❸　❸　❸　❸

第3問　20点

（A）　❹ 3 4 4 2 0　百万円　（百万円未満を切り捨て）

（B）　❹ 　7 9 0 0　百万円　（　　同　　　上　　）

（C）　❹ 3 2 2 0 0　百万円　（　　同　　　上　　）

（D）　❹ 2 0 0 0 0　百万円　（　　同　　　上　　）

（E）　❹ 1 8 . 2 4　％　（小数点第3位を四捨五入し、第2位まで記入）

第4問　15点

問1　❸ 2 4 . 8 3　％　（小数点第3位を四捨五入し、第2位まで記入）

問2　❸ 1 2 7 6 8　千円　（千円未満を切り捨て）

問3　❸ 8 5 . 3 7　％　（小数点第3位を四捨五入し、第2位まで記入）

問4　❸ 　5 8 . 3　回　（　　同　　　上　　）

問5　❸ 6 4 . 5 2　％　（　　同　　　上　　）

第5問 30点

問1

A　総資本事業利益率　❷ [　|　|5|3|1　] ％　（小数点第3位を四捨五入し、第2位まで記入）

B　未成工事収支比率　❷ [1|8|4|9|6] ％　（　同　　　上　）

C　固定比率　❷ [　|4|2|9|8] ％　（　同　　　上　）

D　受取勘定回転率　❷ [　|　|2|2|8] 回　（　同　　　上　）

E　設備投資効率　❷ [2|8|1|7|2] ％　（　同　　　上　）

F　総資本増減率　❷ [　|　|2|1|5] ％　（　同　　　上　）　記号（AまたはB） [A]

G　完成工事高キャッシュ・フロー率 ❷ [　|　|1|5|9] ％　（　同　　　上　）

H　配当性向　❷ [　|6|5|9|3] ％　（　同　　　上　）

I　自己資本比率　❷ [　|4|4|9|4] ％　（　同　　　上　）

J　資本集約度　❷ [6|3|8|7|7] 千円　（千円未満を切り捨て）

問2　記号（ア〜ヨ）

1	2	3	4	5	6	7	8	9	10
オ	ス	ウ	チ	タ	セ	イ	ハ	ク	モ

各❶

●数字…予想配点

第1問 ● 理論記述問題

対完成工事高比率の分析についての理論記述問題である。

問1　完成工事高利益率と完成工事高対費用比率の関係について

対完成工事高比率とは、企業が一定期間（通常、1年間）に獲得した完成工事高に対する各種の利益や費用などの割合をいう。この対完成工事高比率は、次のように区分される。

対完成工事高比率
- 完成工事高利益率
- 完成工事高対費用比率
- 完成工事高対キャッシュ・フロー比率

このうち、完成工事高利益率とは、完成工事高に対する利益の割合をいい、これを算式によって示すと次のようになる。

$$完成工事高利益率（\%）＝\frac{利益}{完成工事高}×100$$

なお、完成工事高利益率は、次のように区分される。

完成工事高利益率
- 完成工事高総利益率
- 完成工事高営業利益率
- 完成工事高経常利益率
- 完成工事高当期純利益率

また、完成工事高対費用比率とは、完成工事高に対する費用の割合をいう。

各種利益の大小は、販売費及び一般管理費、金融費用、人件費、外注費などの影響を受けるため、完成工事高利益率の分析においてさらに詳細な原因分析を行う際に、完成工事高対費用比率が用いられることになる。これを算式によって示すと次のようになる。

$$完成工事高対費用比率（\%）＝\frac{費用}{完成工事高}×100$$

なお、完成工事高対費用比率は、次のように区分される。

完成工事高対費用比率
- 完成工事高対販売費及び一般管理費率
- 完成工事高対金融費用率
- 完成工事高対人件費率
- 完成工事高対外注費率

問2　純支払利息比率について

純支払利息比率とは、完成工事高に対する純支払利息の割合をいい、完成工事高で純支払利息をどの程度賄っているかを示すものである。

純支払利息とは、支払利息から受取利息及び配当金を控除したものをいう。

純支払利息比率を算式によって示すと次のようになる。

$$純支払利息比率(\%) = \frac{支払利息 - 受取利息及び配当金}{完成工事高} \times 100$$

この純支払利息比率の値が大きい場合、借入金依存度が高く支払利息等の金融費用の金額が受取利息及び配当金の金額を大きく上回っていることを示すことになる。

その結果、収益性についても大きく影響し、注意が必要となることから、純支払利息比率の数値は低いほど好ましいといえる。

第2問 ● 正誤判定問題

1．比率分析について

比率分析とは、相互に関係するデータ間の割合である比率を算定して分析することをいい、次のように区分される。

比率分析 ┬── 構成比率分析
　　　　　├── 関係比率分析（特殊比率分析）
　　　　　└── 趨勢比率分析

このうち、構成比率分析とは、全体の数値に対する構成要素の数値の比率（構成比率）を算定してその内容を分析することをいい、百分率法とも呼ばれており、百分率貸借対照表、百分率損益計算書、百分率キャッシュ・フロー計算書などがある。

百分率貸借対照表とは、総資産額（総資本額）を100％とし、その他の項目を総資産額（総資本額）に対する百分率で示したものをいう。

百分率損益計算書とは、完成工事高を100％とし、その他の項目を完成工事高に対する百分率で示したものをいう。

百分率キャッシュ・フロー計算書とは、営業活動による収入（キャッシュ・フロー）を100％とし、その他の項目を営業活動による収入（キャッシュ・フロー）に対する百分率で示したものをいう。

2．借入金依存度について

借入金依存度とは、総資本に対する借入金（短期借入金、長期借入金、社債）の割合をいい、企業活動に使用されている資本の総額である総資本のうち借入金によってどの程度調達したかを示すものである。これを算式によって示すと次のようになる。

$$借入金依存度(\%) = \frac{短期借入金 + 長期借入金 + 社債}{総資本} \times 100$$

一般的に、借入金依存度は低い方が望ましく、その場合の財務健全性は高いと判断される。

3．キャッシュ・フロー計算書の分析について

キャッシュ・フロー計算書の分析においては、営業キャッシュ・フローや純キャッシュ・フローの数値が用いられる。ここで、純キャッシュ・フローは、以下の計算式によって求められる。

純キャッシュ・フロー＝税引後当期純利益
±法人税等調整額＋当期減価償却実施額＋引当金増減額－株主配当金

4．キャッシュ・コンバージョン・サイクル（CCC）について

　キャッシュ・コンバージョン・サイクル（CCC）とは、企業の仕入、販売、代金回収活動に関する回転期間を総合的に判断する指標であり、これを算式によって示すと次のようになる。

> **キャッシュ・コンバージョン・サイクル**
> **＝棚卸資産回転日数＋売上債権回転日数－仕入債務回転日数**

　棚卸資産回転日数とは、仕入から販売までに何日かかるかを示す指標であり、棚卸資産の在庫管理の効率性を見るもので、この日数が短いほど少ない在庫で効率よく売上を上げていることを示すものである。

　売上債権回転日数とは、販売から回収までに何日かかるかを示す指標であり、現金化までの日数を明らかにして会社の資金効率の良否を見るもので、この日数が短いほど現金化が早く、資金繰りが良好なことを示している。

　仕入債務回転日数とは、仕入から買掛金や支払手形が決済されるまでに何日かかるかを示す指標であり、この日数が長いということは、決済までに時間が掛かっているか否かを見るもので、この日数が長くなっているということは、財政状態の悪化や資金繰りが厳しくなっているサインと見ることができる。

　企業経営上、代金回収期間は可能な限り短く、代金支払期間は可能な限り長い方が、資金を有効に活用できると考えられることから、資金繰りの観点からはキャッシュ・コンバージョン・サイクルは小さい方が望ましいといえる。

5．経営事項審査について

　建設業においては、公共事業への入札参加に際し、企業体質に関する客観的な経営事項に関する審査が義務付けられ、一般に「経審」と呼ばれている。

　公共工事の発注者にとって、適切かつ優良な建設業者の選定には、経営状況に関する適切な評価が必要である。

　そこで、経営事項審査を実施し、ごく一般的な財務分析手法により企業経営状況の判定を行い、これらの結果の点数化によって総合評価のデータとし、企業ランキングを行っている。

【具体的な審査内容】

経営規模（X1）：① 建設工事の種類別完成工事高

経営規模（X2）：① 自己資本　　　② 利払前税引前償却前利益

経営状況（Y）：① 純支払利息比率　　　② 負債回転期間
　　　　　　　　③ 総資本売上総利益率　④ 売上高経常利益率
　　　　　　　　⑤ 自己資本対固定資産比率　⑥ 自己資本比率
　　　　　　　　⑦ **営業キャッシュ・フロー**　⑧ **利益剰余金**

技術力（Z）：① 建設業の種類別技術職員の数
　　　　　　　② 建設工事の種類別元請完成工事高

社会性等（W）：① 労働福祉の状況　　　② 建設業の営業年数
　　　　　　　　③ 民事再生法又は会社更生法の適用の有無
　　　　　　　　④ 防災協定締結の有無　⑤ 法令遵守の状況
　　　　　　　　⑥ 監査の受審状況　　　⑦ 公認会計士等の数
　　　　　　　　⑧ 研究開発の状況　　　⑨ 建設機械の保有状況
　　　　　　　　⑩ 国際標準化機構が定めた規格による登録状況

第3問 ● 財務諸表項目（一部）の推定

1. 未成工事支出金（A）の算定

（1）完成工事高の算定

$$6.00回〈支払勘定回転率〉 = \frac{〈完成工事高〉}{12,000百万円〈支払手形〉 + 130,000百万円〈工事未払金〉}$$

∴ 完成工事高 = 852,000百万円

（2）未成工事支出金（A）の算定

$$24.00回〈棚卸資産回転率〉 = \frac{852,000百万円〈完成工事高〉}{〈未成工事支出金（A）〉 + 1,080百万円〈材料貯蔵品〉}$$

∴ 未成工事支出金（A）= **34,420百万円**

2. 工具器具備品（B）の算定

（1）現金預金の算定

$$0.65月〈現金預金手持月数〉 = \frac{〈現金預金〉}{852,000百万円〈完成工事高〉 \div 12}$$

∴ 現金預金 = 46,150百万円

（2）流動資産の算定

流動資産 = 46,150百万円〈現金預金〉+ 54,000百万円〈受取手形〉

　　　　　+ 84,770百万円〈完成工事未収入金〉+ 34,420百万円〈未成工事支出金（A）〉

　　　　　+ 1,080百万円〈材料貯蔵品〉

　　　　= 220,420百万円

（3）総資本の算定

総資本 = 220,420百万円〈流動資産〉+ 179,580百万円〈固定資産〉

　　　　= 400,000百万円

（4）経営資本の算定

$$5.10月〈経営資本回転期間〉 = \frac{〈経営資本〉}{852,000百万円〈完成工事高〉 \div 12}$$

∴ 経営資本 = 362,100百万円

（5）投資有価証券の算定

400,000百万円〈総資本〉= 362,100百万円〈経営資本〉+ 12,300百万円〈建設仮勘定〉+ 投資有価証券

∴ 投資有価証券 = 25,600百万円

（6）有形固定資産の算定

有形固定資産 = 179,580百万円〈固定資産〉- 25,600百万円〈投資有価証券〉

　　　　　　　= 153,980百万円

（7）工具器具備品（B）の算定

153,980百万円〈有形固定資産〉= 37,600百万円〈建物〉+ 15,800百万円〈機械装置〉

　　　　　　　　　　　　　+ 工具器具備品（B）+ 18,000百万円〈車両運搬具〉

　　　　　　　　　　　　　+ 12,300百万円〈建設仮勘定〉+ 62,380百万円〈土地〉

∴ 工具器具備品（B）= **7,900百万円**

3．未成工事受入金（C）の算定

(1) 短期借入金の算定

$$1.25月〈有利子負債月商倍率〉=\frac{〈短期借入金〉+83,000百万円〈長期借入金〉}{852,000百万円〈完成工事高〉÷12}$$

∴　短期借入金＝5,750百万円

(2) 自己資本の算定

$$82.00\%〈固定長期適合比率〉=\frac{179,580百万円〈固定資産〉}{83,000百万円〈固定負債〉+〈自己資本〉}×100$$

∴　自己資本＝136,000百万円

(3) 流動負債の算定

流動負債＝400,000百万円〈総資本〉－83,000百万円〈固定負債〉－136,000百万円〈自己資本〉

＝181,000百万円

(4) 未成工事受入金（C）の算定

181,000百万円〈流動負債〉＝12,000百万円〈支払手形〉＋130,000百万円〈工事未払金〉

＋5,750百万円〈短期借入金〉＋1,050百万円〈未払法人税等〉

＋未成工事受入金（C）

∴　未成工事受入金（C）＝**32,200百万円**

4．経常利益（D）の算定

(1) 営業利益の算定

$$6.00\%〈経営資本営業利益率〉=\frac{〈営業利益〉}{362,100百万円〈経営資本〉}×100$$

∴　営業利益＝21,726百万円

(2) 受取利息配当金の算定

$$4.90倍〈金利負担能力〉=\frac{21,726百万円〈営業利益〉+〈受取利息配当金〉}{4,800百万円〈支払利息〉}$$

∴　受取利息配当金＝1,794百万円

(3) 経常利益（D）の算定

経常利益（D）＝21,726百万円〈営業利益〉＋1,794百万円〈受取利息配当金〉

＋2,480百万円〈営業外収益・その他〉

－4,800百万円〈支払利息〉－1,200百万円〈営業外費用・その他〉

＝**20,000百万円**

5．自己資本事業利益率（E）の算定

(1) 事業利益の算定

事業利益＝20,000百万円〈経常利益〉＋4,800百万円〈支払利息〉

＝24,800百万円

(2) 自己資本事業利益率の算定

$$自己資本事業利益率（\%）=\frac{24,800百万円〈事業利益〉}{136,000百万円〈自己資本〉}×100$$

∴　自己資本事業利益率（E）≒**18.24\%**

解答への道

第4問 ● 生産性分析に関する諸項目の算定問題

問1　付加価値率の算定

(1) 営業利益の算定

$$6.50\%\langle 完成工事高営業利益率\rangle=\frac{\langle 営業利益\rangle}{24,680,000千円\langle 完成工事高\rangle}\times100$$

∴　営業利益＝1,604,200千円

(2) 完成工事原価の算定

1,604,200千円〈営業利益〉＝24,680,000千円〈完成工事高〉
－完成工事原価－1,286,800千円〈販売費及び一般管理費〉

∴　完成工事原価＝21,789,000千円

(3) 外注費の算定

21,789,000千円〈完成工事原価〉＝2,145,000千円〈材料費〉
＋234,000千円〈労務外注費〉＋外注費＋3,238,000千円〈経費〉

∴　外注費＝16,172,000千円

(4) 付加価値の算定

付加価値＝24,680,000千円〈完成工事高〉
　　　－（2,145,000千円〈材料費〉＋234,000千円〈労務外注費〉＋16,172,000千円〈外注費〉）
　　＝6,129,000千円

(5) 付加価値率の算定

$$付加価値率（\%）=\frac{6,129,000千円\langle 付加価値\rangle}{24,680,000千円\langle 完成工事高\rangle}\times100$$
$$\doteqdot \textbf{24.83\%}$$

問2　労働生産性の算定

(1) 総職員数（期中平均値）の算定

総職員数（期中平均値）＝360人〈技術系〉＋120人〈事務系〉
　　　　　　　　　　＝480人

(2) 労働生産性の算定

$$労働生産性=\frac{6,129,000千円\langle 付加価値\rangle}{480人\langle 総職員数（期中平均値）\rangle}$$
$$\doteqdot \textbf{12,768千円}$$

問3　付加価値対固定資産比率の算定

(1) 固定資産の算定

固定資産＝4,256,000千円〈有形固定資産〉
　　　＋48,000千円〈無形固定資産〉＋2,875,000千円〈投資その他の資産〉
　　＝7,179,000千円

(2) 付加価値対固定資産比率の算定

$$付加価値対固定資産比率（\%）=\frac{6,129,000千円\langle 付加価値\rangle}{7,179,000千円\langle 固定資産\rangle}\times100$$
$$\doteqdot \textbf{85.37\%}$$

第31回

問4 有形固定資産回転率の算定

$$有形固定資産回転率（回）＝\frac{24,680,000千円〈完成工事高〉}{4,256,000千円〈有形固定資産〉－24,000千円〈建設仮勘定〉}$$

$$≒5.83回$$

問5 損益分岐点比率の算定

(1) 完成工事総利益の算定

完成工事総利益＝24,680,000千円〈完成工事高〉－21,789,000千円〈完成工事原価〉

$$＝2,891,000千円$$

(2) 〈＊〉＝完成工事総利益＋営業外収益－営業外費用＋支払利息の算定

〈＊〉＝2,891,000千円〈完成工事総利益〉＋120,000千円〈営業外収益〉

－656,000千円〈営業外費用〉＋656,000千円〈支払利息〉

$$＝3,011,000千円$$

(3) 損益分岐点比率の算定

$$損益分岐点比率（％）＝\frac{1,286,800千円〈販売費及び一般管理費〉＋656,000千円〈支払利息〉}{3,011,000千円〈＊〉}×100$$

$$≒64.52\%$$

● 第5問 ● 諸比率の算定問題および空欄記入問題（記号選択）

問1 諸比率の算定問題

A 総資本事業利益率

(1) 総資本（期中平均値）の算定

総資本（期中平均値）＝（3,855,100千円〈第30期末総資本〉

＋3,937,900千円〈第31期末総資本〉）÷2

$$＝3,896,500千円$$

(2) 事業利益の算定

事業利益＝204,900千円〈経常利益〉＋1,900千円〈支払利息〉

$$＝206,800千円$$

(3) 総資本事業利益率の算定

$$総資本事業利益率（％）＝\frac{206,800千円〈事業利益〉}{3,896,500千円〈総資本（期中平均値）〉}×100$$

$$≒5.31\%$$

B 未成工事収支比率

$$未成工事収支比率（％）＝\frac{119,300千円〈未成工事受入金〉}{64,500千円〈未成工事支出金〉}×100$$

$$≒184.96\%$$

C 固定比率

$$固定比率（％）＝\frac{760,600千円〈固定資産〉}{1,769,700千円〈自己資本〉}×100$$

$$≒42.98\%$$

D 受取勘定回転率

（1）受取勘定（期中平均値）の算定

第30期末受取勘定＝823,400千円〈受取手形〉＋1,104,200千円〈完成工事未収入金〉

＝1,927,600千円

第31期末受取勘定＝841,500千円〈受取手形〉＋1,182,300千円〈完成工事未収入金〉

＝2,023,800千円

受取勘定（期中平均値）＝（1,927,600千円〈第30期末〉＋2,023,800千円〈第31期末〉）÷2

＝1,975,700千円

（2）受取勘定回転率の算定

$$受取勘定回転率（回）＝\frac{4,502,300千円〈完成工事高〉}{1,975,700千円〈受取勘定（期中平均値）〉}$$

≒**2.28回**

E 設備投資効率

（1）付加価値の算定

付加価値＝4,502,300千円〈完成工事高〉

－（844,600千円〈材料費〉＋40,300千円〈労務外注費〉＋2,613,900千円〈外注費〉）

＝1,003,500千円

（2）有形固定資産－建設仮勘定（期中平均値）の算定

第30期末有形固定資産－建設仮勘定＝352,900千円〈有形固定資産〉－3,200千円〈建設仮勘定〉

＝349,700千円

第31期末有形固定資産－建設仮勘定＝366,500千円〈有形固定資産〉－3,800千円〈建設仮勘定〉

＝362,700千円

∴ 有形固定資産－建設仮勘定（期中平均値）＝（349,700千円〈第30期末〉

＋362,700千円〈第31期末〉）÷2

＝356,200千円

（3）設備投資効率の算定

$$設備投資効率（％）＝\frac{1,003,500千円〈付加価値〉}{356,200千円〈有形固定資産－建設仮勘定（期中平均値）〉}×100$$

≒**281.72％**

F 総資本増減率

$$総資本増減率（％）＝\frac{3,937,900千円〈第31期末〉－3,855,100千円〈第30期末〉}{3,855,100千円〈第30期末〉}×100$$

≒**2.15％「A」**

G 完成工事高キャッシュ・フロー率

（1）純キャッシュ・フローの算定

① 引当金増減額の算定

第30期末引当金合計額＝2,200千円〈貸倒引当金（流動資産）〉

＋2,100千円〈貸倒引当金（固定資産）〉

＋4,200千円〈完成工事補償引当金〉

＋4,700千円〈工事損失引当金〉＋162,400千円〈退職給付引当金〉

＝175,600千円

第31期末引当金合計額＝2,300千円〈貸倒引当金(流動資産)〉

+1,800千円〈貸倒引当金(固定資産)〉

+4,700千円〈完成工事補償引当金〉

+1,600千円〈工事損失引当金〉+166,300千円〈退職給付引当金〉

＝176,700千円

∴　引当金増減額＝176,700千円〈第31期末〉-175,600千円〈第30期末〉＝1,100千円

②　純キャッシュ・フローの算定

純キャッシュ・フロー＝100,100千円〈当期純利益(税引後)〉+15,400千円〈法人税等調整額〉

+20,800千円〈当期減価償却実施額〉+1,100千円〈引当金増減額〉

-66,000千円〈剰余金の配当の額〉

＝71,400千円

(2)　完成工事高キャッシュ・フロー率の算定

$$完成工事高キャッシュ・フロー率(\%)=\frac{71,400千円〈純キャッシュ・フロー〉}{4,502,300千円〈完成工事高〉}×100$$

≒1.59%

H　配当性向

$$配当性向(\%)=\frac{66,000千円〈配当金〉}{100,100千円〈当期純利益〉}×100$$

≒65.93%

I　自己資本比率

$$自己資本比率(\%)=\frac{1,769,700千円〈自己資本〉}{3,937,900千円〈総資本〉}×100$$

≒44.94%

J　資本集約度

(1)　総職員数(期中平均値)の算定

総職員数(期中平均値)＝(60人〈第30期末〉+62人〈第31期末〉)÷2

＝61人

(2)　資本集約度の算定

$$資本集約度(千円)=\frac{3,896,500千円〈総資本(期中平均値)〉}{61人〈総職員数(期中平均値)〉}$$

≒63,877千円

問2　空欄記入問題（記号選択）

空欄を埋めると、次のような文章となる。

> 流動性比率には様々な基本比率や関連比率が存在する。その中で、建設業固有の計算式がある比率としては、**当座比率**の他に**流動比率**や**流動負債比率**がある。これら三種類の比率のいずれの比率にも用いられている勘定科目が**未成工事受入金**である。通常、この勘定科目を使用する銀行家比率ともよばれる**流動比率**より、**未成工事受入金**等を用いない**流動比率**のほうが**低い**数値となっている。また、この三種類の比率の中で、**未成工事受入金**を分子に用いるものが**流動負債比率**である。建設業では他産業と比較して、この数値は**高い**ことが特徴である。流動性に関する分析には、他にも資産滞留月数分析がある。その中で、滞留月数をより厳密に算出する場合に、分母に完成工事高ではなく、**完成工事原価**を用いるべき指標が**棚卸資産**滞留月数である。このときの**完成工事原価**を用いた第31期における**棚卸資産**滞留月数は**0.20**（＊1）月である。なお、分子に加算及び減算項目のある指標が**必要運転資金**滞留月数であり、第31期における**必要運転資金**滞留月数は、**2.99**（＊2）月である。

（＊1）　棚卸資産滞留月数の算定

$$棚卸資産滞留月数（月）＝\frac{64,500千円〈未成工事支出金〉＋1,600千円〈材料貯蔵品〉}{4,021,500千円〈完成工事原価〉÷12}$$

$$≒0.20月$$

（＊2）　必要運転資金滞留月数の算定

(1)　必要運転資金の算定

必要運転資金＝841,500千円〈受取手形〉＋1,182,300千円〈完成工事未収入金〉
＋64,500千円〈未成工事支出金〉－214,100千円〈支払手形〉
－631,400千円〈工事未払金〉－119,300千円〈未成工事受入金〉
＝1,123,500千円

(2)　必要運転資金月商倍率の算定

$$必要運転資金月商倍率（月）＝\frac{1,123,500千円〈必要運転資金〉}{4,502,300千円〈完成工事高〉÷12}$$

$$≒2.99月$$

第1問 20点 解答にあたっては、各問とも指定した字数以内（句読点を含む）で記入すること。

問1

指数法とは、標準状態にあるものの指数を百とし、分析対象の指数が百を上回るか否かにより、企業の総合評価を行う方法をいう。❸なお、ウォールによって提案された方法であることから、ウォール指数法ともいう。指数法によって企業の総合評価を行う場合、選択した比率の値が大きければ良好、小さければ不良と判断されるように工夫して総合評価表を作成しなければならない。❸したがって、固定比率、固定長期適合比率、負債比率など、その値が小さければ良好と判断される比率は、算式の分母と分子とを逆にしなければならない点に注意を要する。❹

問2

「経営事項審査」は、公共工事の入札の制度に参加する資格を判定するために実施される企業評価制度として確立されたものである。❷「経営事項審査」の審査項目の枠組みとして経営規模（X1、X2）、経営状況（Y）、技術力（Z）、社会性等（W）がある。❷これらの審査項目にはウェイト付けがなされており、それぞれを点数化して集計し、総合評価した値が総合評点（P）である。❸公共工事において、入札の制度に参加する資格を判定する企業評価の基準となるものが総合評点（P）であり、点数化による総合評価法に分類される評価法といえる。❸

第2問 15点

記号	1	2	3	4	5	6	7
（ア～ヘ）	オ	ナ	サ	タ	チ	キ	ス
	❶	❶	❶	❶	❶	❷	❶

8	9	10	11	12	13
シ	ノ	ニ	エ	ネ	ヘ
❶	❶	❶	❷	❶	❶

第3問 20点

（A） ❹ 5 1 8 1 0　百万円　（百万円未満を切り捨て）

（B） ❹ 1 6 5 0 0　百万円　（　同　上　）

（C）❹ 1 9 0 9 5 0　百万円　（　同　上　）

（D） ❹ 1 5 9 0　百万円　（　同　上　）

支払勘定回転率　❹ 2.4 1　回　（小数点第3位を四捨五入し、第2位まで記入）

第4問 15点

問1　❸ 6 8.0 0　%　（小数点第3位を四捨五入し、第2位まで記入）

問2　❸ 4 5 8 4 0 4 0　千円　（千円未満を切り捨て）

問3　❸ 1 4 3 2 5 1 2 5　千円　（　同　上　）

問4　❸ 4 4.4 9　%　（小数点第3位を四捨五入し、第2位まで記入）

問5　❸ 4 5 8 4 0 4 0　千円　（千円未満を切り捨て）

第32回

197

第5問 30点

問1

A	経営資本営業利益率	❷	5.29 %		（小数点第3位を四捨五入し、第2位まで記入）
B	立替工事高比率	❷	54.42 %	（　同　　　上　）	
C	運転資本保有月数	❷	4.19 月	（　同　　　上　）	
D	借入金依存度	❷	14.37 %	（　同　　　上　）	
E	棚卸資産滞留月数	❷	0.13 月	（　同　　　上　）	
F	完成工事高増減率	❷	9.85 %	（　同　　　上　）　記号（AまたはB）　A	
G	営業キャッシュ・フロー対流動負債比率	❷	17.30 %	（　同　　　上　）	
H	配当率	❷	21.47 %	（　同　　　上　）	
I	未成工事収支比率	❷	442.15 %	（　同　　　上　）	
J	労働装備率	❷	19,137 千円	（千円未満を切り捨て）	

問2　記号（ア～ヤ）

1	2	3	4	5	6	7	8	9	10	
カ	ソ	エ	ム	チ	ア	シ	キ	オ	フ	各❶

●数字…予想配点

198

第32回 解答への道

第1問 ● 理論記述問題

総合評価の手法についての記述問題である。

問1 指数法について

さまざまな財務分析の手法により、企業の収益性や安全性など、確認目的別の評価を行うことはできるが、それだけでは企業の全体評価を行うことができない。そこで、企業全体の評価を行うために、総合評価が必要になる。

総合評価の手法には、次のようなものがある。

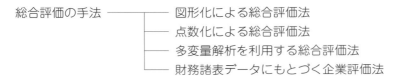

総合評価の手法のうち、点数化による総合評価の方法には、次のようなものがある。

点数化による総合評価の手法 ——— 指数法（ウォール指数法）
　　　　　　　　　　　　　　　　　　—— 考課法

このうち、指数法（ウォール指数法）とは、標準状態にあるものの指数を100とし、分析対象の指数が100を上回るか否かにより企業の総合評価を行う方法をいう。なお、ウォールによって提案された方法であることから、ウォール指数法ともいう。

指数法による総合評価表では、選択した比率の値が大きければ良好、小さければ不良と判断されるように工夫する必要がある。したがって、固定比率、固定長期適合比率、負債比率など、その値が小さければ良好と判断される比率は、算式の分母と分子とを逆にしなければならない点に注意する必要がある。

なお、指数法の長所と短所として、次の事項が挙げられる。

　　長所・企業の総合評価が明確に示される。
　　　　・標準比率との比較により、企業間比較が容易である。
　　短所・比率の選択やウェイトの付け方に恣意性が介入する恐れがあり、その場合には適切に企業の総合評価ができない。

また、考課法とは、複数の指標を選択し、各指標ごとに「どの範囲なら何点になる」といった経営考課表を作成し、この表に企業の実績値をあてはめることによって企業の総合評価を行う方法をいう。

問2 「経営事項審査」における総合評点の特徴について

建設業における企業経営の総合評価には、経営事項審査（経審）がある。これは、公共事業の競争入札の制度に参加する資格を判定するために実施される企業評価制度として確立されたものである。

公共工事の発注者にとって、適切かつ優良な建設業者の選定には、経営状況に関する適切な評価が

必要である。そこで、経営事項審査を実施し、ごく一般的な財務分析手法により企業経営状況の判定を行い、これらの結果の点数化によって総合評価のデータとし、企業ランキングを行っている。

なお、経営事項審査における審査項目の内容は、次の通りである。

【具体的な審査内容】経営規模（Ｘ１）：① 建設工事の種類別完成工事高
経営規模（Ｘ２）：① 自己資本 ② 利払前税引前償却前利益
経営状況（Ｙ）：① 純支払利息比率 ② 負債回転期間
③ 総資本売上総利益率 ④ 売上高経常利益率
⑤ 自己資本対固定資産比率 ⑥ 自己資本比率
⑦ 営業キャッシュ・フロー ⑧ 利益剰余金
技術力（Ｚ）：① 建設業の種類別技術職員の数
② 建設工事の種類別元請完成工事高
社会性等（Ｗ）：① 労働福祉の状況 ② 建設業の営業年数
③ 民事再生法又は会社更生法の適用の有無
④ 防災協定締結の有無 ⑤ 法令遵守の状況
⑥ 監査の受審状況 ⑦ 公認会計士等の数
⑧ 研究開発の状況 ⑨ 建設機械の保有状況
⑩ 国際標準化機構が定めた規格による登録状況

これらの審査項目についてはウェイト付けがなされ、次のように総合評点が算定される。

総合評点（Ｐ）＝0.25Ｘ１＋0.15Ｘ２＋0.20Ｙ＋0.25Ｚ＋0.15Ｗ

公共工事において、入札の制度に参加する資格を判定する企業評価の基準となるものが総合評点（Ｐ）であり、点数化による総合評価法に分類される評価法といえる。

第2問 ● 空欄記入問題（記号選択）

空欄を埋めると、次のような文章となる。

> 生産性分析の中心概念は**付加価値**である。一般にこの計算方法は2つあるが、建設業においては**控除法**が採用されており、その算式は、**完成工事高−（材料費＋外注費）**で示される。『建設業の経営分析』では、この**付加価値**を完成加工高と呼ぶこともある。
>
> 投下資本がどれほど生産性に貢献したかという生産的効率を意味するものが**資本生産性**である。その計算において、分子に**付加価値**を、分母に有形固定資産が使用される**資本生産性**を**設備投資効率**という。なお、有形固定資産の金額は、現在の有効投資を示すものでなければならないので、**未稼働投資**の分はそこから除外される。他方、従業員1人当たりが生み出した**付加価値**を示すものが、**労働生産性**である。この**労働生産性**は、**設備投資効率**と**労働装備率**の積で求めることもでき、**資本集約度**と**総資本投資効率**の積で求めることもできる。なお、**資本集約度**は1人当たり総資本を示すものである。また、**労働生産性**と**労働分配率**の積で求められるのが、1人当たりの人件費すなわち賃金水準となる。

生産性分析についての空欄記入問題（記号選択）である。

生産性分析とは、投入された生産要素がどの程度有効に利用されたか（生産効率）を分析することをいう。なお、生産性は、生産要素の投入高（インプット）に対する活動成果たる産出高（アウトプット）の割合で示される。これを算式によって示すと次のようになる。

200

$$生産性 = \frac{活動成果たる産出高（アウトプット）}{生産要素の投入高（インプット）}$$

この算式の分母の「生産要素の投入高」には、一般的に労働力（従業員数）または資本を用い、分子の「活動成果たる産出高」には、一般的に付加価値を用いる。

付加価値とは、企業が新たに生み出した価値をいい、『建設業の経営分析』では、付加価値を完成加工高と呼ぶこともある。

一般的な付加価値の算定方法は、控除法と加算法の2つが挙げられる。

控除法とは、売上高から付加価値を構成しない項目（前給付費用）を控除して付加価値を算定する方法をいう。

加算法とは、付加価値を構成する項目を加算して付加価値を算定する方法をいう。

なお、控除法および加算法のいずれの方法であっても、減価償却費を含めて算定したものを「粗付加価値」といい、減価償却費を除いて算定したものを「純付加価値」という。

建設業では、「粗付加価値」を付加価値と考え、その算定方法は控除法によっている。したがって、建設業の付加価値を算式によって示すと次のようになる。

$$付加価値 = 完成工事高 - （材料費 + 労務外注費 + 外注費）$$

付加価値を分子とする生産性についての基本指標は、労働生産性と資本生産性が挙げられる。

このうち、資本生産性（付加価値対固定資産比率）とは、固定資産に対する付加価値の割合をいい、固定資産がどれだけの付加価値を生み出したかを示すものである。これを算式によって示すと次のようになる。

$$資本生産性(\%) = \frac{付加価値}{固定資産（期中平均値）} \times 100$$

資本生産性の計算において、分子に付加価値、分母に有形固定資産が使用されるものが設備投資効率である。設備投資効率とは、有形固定資産に対する付加価値の割合をいい、有形固定資産がどれだけの付加価値を生み出したかを示すものである。有形固定資産の金額は、現在の有効投資を示すものでなければならないので、未稼働資産である建設仮勘定などは控除すべきである。

これを算式によって示すと、次のようになる。

$$設備投資効率(\%) = \frac{付加価値}{有形固定資産 - 建設仮勘定（期中平均値）} \times 100$$

従業員1人当たりが生み出した付加価値を示すものが、労働生産性である。建設業経理士1級の財務分析の試験では、「従業員数」を技術職員数と事務職員数との合計である「総職員数」としている。

この労働生産性を算式によって示すと、次のようになる。

$$労働生産性(円) = \frac{付加価値}{総職員数（期中平均値）}$$

労働生産性は、有形固定資産を用いると、次のように分解することができる。

$$\begin{array}{ccccc}
\text{労働生産性} & = & \text{労働装備率} & \times & \text{設備投資効率} \\
\dfrac{\text{付 加 価 値}}{\text{総 職 員 数}} & = & \dfrac{\text{有形固定資産}}{\text{総 職 員 数}} & \times & \dfrac{\text{付 加 価 値}}{\text{有形固定資産}}
\end{array}$$

　労働装備率とは、総職員数に対する有形固定資産の割合をいい、職員1人当たりの有形固定資産への投資額、すなわち、機械化の程度を示すものである。

　また、労働生産性は、総資本を用いると、次のように分解することができる。

$$\begin{array}{ccccc}
\text{労働生産性} & = & \text{資本集約度} & \times & \text{総資本投資効率} \\
\dfrac{\text{付 加 価 値}}{\text{総 職 員 数}} & = & \dfrac{\text{総 資 本}}{\text{総 職 員 数}} & \times & \dfrac{\text{付 加 価 値}}{\text{総 資 本}}
\end{array}$$

　資本集約度とは、総職員数に対する総資本の割合をいい、1人当たり総資本を示すものである。

　総資本投資効率とは、総資本に対する付加価値の割合をいい、総資本がどれだけの付加価値を生み出したかを示すものである。なお、総職員数及び総資本は、ともに期中平均値を用いるべきである。

　また、労働生産性と労働分配率の積として、1人当たり人件費（賃金水準）を算定することができる。

$$\begin{array}{ccccc}
\text{1人当たり人件費} & = & \text{労働生産性} & \times & \text{付加価値分配率} \\
\dfrac{\text{人 件 費}}{\text{総 職 員 数}} & = & \dfrac{\text{付 加 価 値}}{\text{総 職 員 数}} & \times & \dfrac{\text{人 件 費}}{\text{付 加 価 値}}
\end{array}$$

　職員1人当たり人件費とは、総職員に対する人件費の割合をいい、賃金水準を示すものであり、労働生産性及び付加価値分配率の影響を受ける。

　付加価値分配率（労働分配率）とは、付加価値に対する人件費の割合をいい、付加価値のうち人件費にどれだけ分配されたかを示すものである。この付加価値分配率を算式によって示すと、次のようになる。

$$\text{付加価値分配率(\%)} = \dfrac{\text{人件費}}{\text{付加価値}} \times 100$$

■ 第3問 ● 財務諸表項目（一部）の推定と支払勘定回転率の算定問題

1．未成工事受入金（B）の算定
　(1)　自己資本（仮）の算定

$$35.00\%\langle\text{自己資本比率}\rangle = \dfrac{\langle\text{自己資本}\rangle}{\langle\text{総資本}\rangle}$$

　　　∴　自己資本（仮）＝総資本×0.35
　　　　　負債＝総資本×（1−0.35）

　(2)　総資本の算定
　　　総資本＝128,310百万円〈負債〉÷（1−0.35）
　　　∴　総資本＝197,400百万円

　(3)　自己資本の算定
　　　自己資本＝0.35×197,400百万円〈総資本〉
　　　　　　　＝69,090百万円

解答への道

(4) 経営資本の算定

経営資本 ＝ 197,400百万円〈総資本〉－900百万円〈建設仮勘定〉－25,000百万円〈投資有価証券〉

　　　　 ＝ 171,500百万円

(5) 完成工事高の算定

$$9.80月〈経営資本回転期間〉＝\frac{171,500百万円〈経営資本〉}{〈完成工事高〉÷12}$$

∴　完成工事高 ＝ 210,000百万円

(6) 長期借入金の算定

$$1.20月〈有利子負債月商倍率〉＝\frac{9,190百万円〈短期借入金〉＋〈長期借入金〉}{210,000百万円〈完成工事高〉÷12}$$

∴　長期借入金 ＝ 11,810百万円（＝固定負債）

(7) 流動負債の算定

流動負債 ＝ 128,310百万円〈負債〉－11,810百万円〈固定負債〉

　　　　 ＝ 116,500百万円

(8) 固定資産の算定

$$90.00％〈固定長期適合比率〉＝\frac{〈固定資産〉}{11,810百万円〈固定負債〉＋69,090百万円〈自己資本〉}×100$$

∴　固定資産 ＝ 72,810百万円

(9) 流動資産の算定

流動資産 ＝ 197,400百万円〈総資本〉－72,810百万円〈固定資産〉

∴　流動資産 ＝ 124,590百万円

(10) 未成工事受入金（B）の算定

$$110.00％〈流動比率（建設業）〉＝\frac{124,590百万円〈流動資産〉－14,590百万円〈未成工事支出金〉}{116,500百万円〈流動負債〉－〈未成工事受入金（B）〉}×100$$

∴　未成工事受入金（B）＝ 16,500百万円

2．完成工事未収入金（A）の算定

(1) 現金預金の算定

$$1.50月〈現金預金手持月数〉＝\frac{〈現金預金〉}{210,000百万円〈完成工事高〉÷12}$$

∴　現金預金 ＝ 26,250百万円

(2) 完成工事未収入金（A）の算定

$$109.70％〈当座比率（建設業）〉＝\frac{26,250百万円〈現金預金〉＋31,640百万円〈受取手形〉＋〈完成工事未収入金（A）〉}{116,500百万円〈流動負債〉－16,500百万円〈未成工事受入金（B）〉}×100$$

∴　完成工事未収入金（A）＝ 51,810百万円

3．完成工事原価（C）の算定

(1) 営業利益の算定

$$7.00倍〈金利負担能力〉＝\frac{〈営業利益〉＋880百万円〈受取利息配当金〉}{600百万円〈支払利息〉}$$

∴　営業利益 ＝ 3,320百万円

(2) 完成工事原価（C）の算定

3,320百万円〈営業利益〉＝ 210,000百万円〈完成工事高〉

　　　　　　　　　　　 －〈完成工事原価（C）〉－15,730百万円〈販売費及び一般管理費〉

∴　完成工事原価（C）＝ 190,950百万円

4．営業外収益・その他（D）の算定
  （1）経常利益の算定

  $$2.50\%\langle総資本経常利益率\rangle = \frac{\langle経常利益\rangle}{197,400百万円\langle総資本\rangle} \times 100$$

  ∴　経常利益＝4,935百万円

  （2）営業外収益・その他（D）の算定

  4,935百万円〈経常利益〉＝3,320百万円〈営業利益〉

  　　　　　　　　　　　＋880百万円〈受取利息配当金〉＋《営業外収益・その他（D）》

  　　　　　　　　　　　－600百万円〈支払利息〉－255百万円〈営業外費用・その他〉

  ∴　営業外収益・その他（D）＝1,590百万円

5．支払勘定回転率の算定
  （1）支払勘定（＝支払手形＋工事未払金）の算定

  116,500百万円〈流動負債〉＝《支払勘定》＋9,190百万円〈短期借入金〉

  　　　　　　　　　　　　　＋3,500百万円〈未払法人税等〉＋16,500百万円〈未成工事受入金（B）〉

  ∴　支払勘定＝87,310百万円

  （2）支払勘定回転率の算定

  $$支払勘定回転率（回）= \frac{210,000百万円\langle完成工事高\rangle}{87,310百万円\langle支払勘定\rangle}$$

  ∴　支払勘定回転率≒2.41回

第4問 ● 損益分岐点分析に関する諸項目の算定問題

問1　第6期変動費率の算定

$$第6期変動費率（\%）= \frac{28,460,200千円\langle第5期総費用\rangle - 26,480,040千円\langle第6期総費用\rangle}{35,112,000千円\langle第5期完成工事高\rangle - 32,200,000千円\langle第6期完成工事高\rangle} \times 100$$

∴　第6期変動費率＝68.00%

問2　第6期固定費の算定

第6期固定費＝26,480,040千円〈第6期総費用〉

　　　　　　－32,200,000千円〈第6期完成工事高〉×68.00%〈第6期変動費率〉

　　　　＝4,584,040千円

問3　第6期損益分岐点完成工事高の算定

$$第6期損益分岐点完成工事高 = \frac{4,584,040千円\langle第6期固定費\rangle}{100\% - 68.00\%\langle第6期変動費率\rangle}$$

∴　第6期損益分岐点完成工事高＝14,325,125千円

問4　第6期損益分岐点比率の算定

$$第6期損益分岐点比率（\%）= \frac{14,325,125千円\langle第6期損益分岐点完成工事高\rangle}{32,200,000千円\langle第6期完成工事高\rangle} \times 100$$

∴　第6期損益分岐点比率≒44.49%

問5　第6期販売費及び一般管理費の算定

　建設業における慣行的な固変区分による場合、完成工事原価と支払利息以外の営業外費用で営業外

収益で賄えない部分との合計が変動費となり、販売費及び一般管理費と支払利息との合計が固定費となる。本問の場合、支払利息の金額がゼロであり、営業外費用及び営業外収益が不明のため無視し、変動費はすべて完成工事原価と考えて計算すると以下のようになる。

$$変動費 = 32,200,000千円〈第6期完成工事高〉× 68.00\%〈変動費率〉$$

$$= 21,896,000千円〈第6期完成工事原価〉$$

よって、販売費及び一般管理費は以下のようになる。

$$44.48796\cdots(\%)〈第6期損益分岐点比率〉= \frac{〈販売費及び一般管理費〉}{32,200,000千円〈第6期完成工事高〉- 21,896,000千円〈第6期完成工事原価〉} × 100$$

∴ 第6期販売費及び一般管理費 ≒ **4,584,040千円**

または、支払利息の金額がゼロのため、総費用から変動費を控除した固定費をすべて販売費及び一般管理費とすると、以下のようになる。

$$販売費及び一般管理費 = 26,480,040千円〈第6期総費用〉- 21,896,000千円〈第6期変動費〉$$

$$= 4,584,040千円$$

◀ 第5問 ● 諸比率の算定問題および空欄記入問題

問1 諸比率の算定問題

A 経営資本営業利益率

(1) 経営資本(期中平均値)の算定

$$第31期末経営資本 = 3,258,450千円〈総資本〉$$
$$- (159,700千円〈建設仮勘定〉+ 738,680千円〈投資その他の資産〉)$$
$$= 2,360,070千円$$

$$第32期末経営資本 = 3,316,710千円〈総資本〉$$
$$- (222,400千円〈建設仮勘定〉+ 668,140千円〈投資その他の資産〉)$$
$$= 2,426,170千円$$

$$経営資本(期中平均値) = (2,360,070千円〈第31期末〉+ 2,426,170千円〈第32期末〉) ÷ 2$$
$$= 2,393,120千円$$

(2) 経営資本営業利益率の算定

$$経営資本営業利益率(\%) = \frac{126,500千円〈営業利益〉}{2,393,120千円〈経営資本(期中平均値)〉} × 100$$
$$≒ \mathbf{5.29\%}$$

B 立替工事高比率

(1) 分子〈＊〉(= 受取手形 + 完成工事未収入金 + 未成工事支出金 - 未成工事受入金)の算定

$$分子〈＊〉= 27,300千円〈受取手形〉+ 1,395,700千円〈完成工事未収入金〉$$
$$+ 26,100千円〈未成工事支出金〉- 115,400千円〈未成工事受入金〉$$
$$= 1,333,700千円$$

(2) 立替工事高比率の算定

$$立替工事高比率(\%) = \frac{1,333,700千円〈＊〉}{2,424,600千円〈完成工事高〉+ 26,100千円〈未成工事支出金〉} × 100$$
$$≒ \mathbf{54.42\%}$$

C 運転資本保有月数

$$運転資本保有月数(月) = \frac{1,899,560千円〈流動資産〉- 1,053,730千円〈流動負債〉}{2,424,600千円〈完成工事高〉÷ 12}$$
$$≒ \mathbf{4.19月}$$

D 借入金依存度

$$借入金依存度(\%) = \frac{94,800千円〈短期借入金〉 + 261,700千円〈長期借入金〉 + 120,000千円〈社債〉}{3,316,710千円〈総資本〉} \times 100$$

$$≒ 14.37\%$$

E 棚卸資産滞留月数

$$棚卸資産滞留月数(月) = \frac{26,100千円〈未成工事支出金〉 + 920千円〈材料貯蔵品〉}{2,424,600千円〈完成工事高〉 ÷ 12}$$

$$≒ 0.13月$$

F 完成工事高増減率

$$完成工事高増減率(\%) = \frac{2,424,600千円〈第32期〉 - 2,207,100千円〈第31期〉}{2,207,100千円〈第31期〉} \times 100$$

$$≒ 9.85\% 「A」$$

G 営業キャッシュ・フロー対流動負債比率

(1) 流動負債（期中平均値）の算定

$$流動負債(期中平均値) = (1,061,050千円〈第31期末流動負債〉$$
$$+ 1,053,730千円〈第32期末流動負債〉) ÷ 2$$
$$= 1,057,390千円$$

(2) 営業キャッシュ・フロー対流動負債比率の算定

$$営業キャッシュ・フロー対流動負債比率(\%) = \frac{182,900千円〈営業キャッシュ・フロー〉}{1,057,390千円〈流動負債(期中平均値)〉} \times 100$$

$$≒ 17.30\%$$

H 配当率

$$配当率(\%) = \frac{42,600千円〈配当金〉}{198,400千円〈資本金〉} \times 100$$

$$≒ 21.47\%$$

I 未成工事収支比率

$$未成工事収支比率(\%) = \frac{115,400千円〈未成工事受入金〉}{26,100千円〈未成工事支出金〉} \times 100$$

$$≒ 442.15\%$$

J 労働装備率

(1) 有形固定資産－建設仮勘定（期中平均値）の算定

第31期末有形固定資産－建設仮勘定 = 678,000千円〈有形固定資産〉 - 159,700千円〈建設仮勘定〉
= 518,300千円

第32期末有形固定資産－建設仮勘定 = 737,510千円〈有形固定資産〉 - 222,400千円〈建設仮勘定〉
= 515,110千円

∴ 有形固定資産－建設仮勘定(期中平均値) = (518,300千円〈第31期末〉
+ 515,110千円〈第32期末〉) ÷ 2
= 516,705千円

(2) 総職員数（期中平均値）の算定

総職員数(期中平均値) = (26人〈第31期末〉 + 28人〈第32期末〉) ÷ 2
= 27人

(3) 労働装備率の算定

$$労働装備率(千円) = \frac{516,705千円〈有形固定資産－建設仮勘定(期中平均値)〉}{27人〈総職員数(期中平均値)〉}$$

$$≒ 19,137千円$$

解答への道

問2 空欄記入問題（記号選択）

空欄を埋めると、次のような文章となる。

> 　出資者の見地から投下資本の収益性を判断するための指標が、**自己資本利益率**である。証券市場では、この**自己資本利益率**をアルファベット表記ではＲＯＥと呼んでトップマネジメント評価の重要な指標として活用している。この指標の分子の利益としては、一般に**当期純利益**が用いられる。第32期における**自己資本利益率**は**6.97**（＊１）**%**である。
>
> 　この指標はデュポンシステムによって、まず３つの指標に分解することができ、これは、**総資本利益率**を**自己資本比率**で除する数値とも等しい。**総資本利益率**は包括的な収益力を示し、さらに、利益率と**総資本回転率**に分けられる。一方、**自己資本比率**の逆数は**財務レバレッジ**とも呼ばれる。第32期における**総資本回転率**は**0.74**（＊２）回である。

（＊１）　自己資本当期純利益率の算定
 ⑴　自己資本（期中平均値）の算定
  自己資本（期中平均値）＝（1,681,000千円〈第31期末自己資本〉
        ＋1,711,980千円〈第32期末自己資本〉）÷２
      ＝1,696,490千円
 ⑵　自己資本当期純利益率の算定

$$自己資本当期純利益率（\%）＝\frac{118,170千円〈当期純利益〉}{1,696,490千円〈自己資本（期中平均値）〉}×100$$

      ≒**6.97%**

（＊２）　総資本回転率の算定
 ⑴　総資本（期中平均値）の算定
  総資本（期中平均値）＝（3,258,450千円〈第31期末〉＋3,316,710千円〈第32期末〉）÷２
      ＝3,287,580千円
 ⑵　総資本回転率の算定

$$総資本回転率（回）＝\frac{2,424,600千円〈完成工事高〉}{3,287,580千円〈総資本（期中平均値）〉}$$

    ≒**0.74回**

第32回

MEMO

〈参考文献〉
「建設業会計概説　１級　財務分析」（編集・発行：財団法人建設業振興基金）

よくわかる簿記シリーズ
合格するための過去問題集　建設業経理士1級　財務分析　第6版

2008年12月10日　　初　版　第１刷発行
2024年10月25日　　第６版　第２刷発行

編　著　者　　Ｔ　Ａ　Ｃ　株　式　会　社
　　　　　　　　　（建設業経理士検定講座）
発　行　者　　多　　田　　敏　　男
発　行　所　　TAC株式会社　出版事業部
　　　　　　　　　　　　　　　　（TAC出版）

〒101-8383
東京都千代田区神田三崎町3-2-18
電　話　03(5276)9492（営業）
ＦＡＸ　03(5276)9674
https://shuppan.tac-school.co.jp

印　　　刷　　株式会社　ワ　コ　ー
製　　　本　　東京美術紙工協業組合

© TAC 2023　　　Printed in Japan

ISBN 978-4-300-10586-3
N.D.C. 336

本書は,「著作権法」によって,著作権等の権利が保護されている著作物です。本書の全部または一部につき,無断で転載,複写されると,著作権等の権利侵害となります。上記のような使い方をされる場合,および本書を使用して講義・セミナー等を実施する場合には,小社宛許諾を求めてください。

乱丁・落丁による交換,および正誤のお問合せ対応は,該当書籍の改訂版刊行月末日までといたします。なお,交換につきましては,書籍の在庫状況等により,お受けできない場合もございます。
また,各種本試験の実施の延期,中止を理由とした本書の返品はお受けいたしません。返金もいたしかねますので,あらかじめご了承くださいますようお願い申し上げます。

建設業経理士検定講座のご案内

 Web通信講座　　 DVD通信講座　　 資料通信講座（1級総合本科生のみ）

オリジナル教材　合格までのノウハウを結集！

これが TAC

テキスト
試験の出題傾向を徹底分析。最短距離での合格を目標に、確実に理解できるように工夫されています。

トレーニング
合格を確実なものとするためには欠かせないアウトプットトレーニング用教材です。出題パターンと解答テクニックを修得してください。

的中答練
講義を一通り修了した段階で、本試験形式の問題練習を繰り返しトレーニングします。これにより、一層の実力アップが図れる。

DVD
TAC専任講師の講義を収録したDVDです。画面を通して、講義の迫力とポイントが伝わり、よりわかりやすく、より効率的に学習が進められます。[DVD通信講座のみ送付]

学習メディア　ライフスタイルに合わせて選べる！

Web通信講座
スマホやタブレットにも対応
見て学ぶ

講義をブロードバンドを利用し動画で配信します。ご自身のペースに合わせて、24時間いつでも何度でも繰り返し受講することができます。また、講義動画は専用アプリにダウンロードして2週間視聴可能です。有効期間内は何度でもダウンロード可能です。
※Web通信講座の配信期間は、受講された試験月の末日までです。

 TAC WEB SCHOOL ホームページ URL **https://portal.tac-school.co.jp/**
※お申込み前に、右記のサイトにて必ず動作環境をご確認ください。

DVD通信講座
見て学ぶ

講義を収録したデジタル映像をご自宅にお届けします。
配信期限やネット環境を気にせず受講できるので安心です。

※DVD-Rメディア対応のDVDプレーヤーでのみ受講が可能です。パソコンやゲーム機での動作保証はいたしておりません。

資料通信講座
（1級総合本科生のみ）

テキスト・添削問題を中心として学習します。

Webでも無料配信中！　スマホ タブレット パソコン 「TAC動画チャンネル」

● 入門セミナー　※収録内容の変更のため、配信されない期間が生じる場合がございます。
● 1回目の講義（前半分）が視聴できます

詳しくは、TACホームページ「TAC動画チャンネル」をクリック！

TAC動画チャンネル　建設業　| 検索 |

コースの詳細は、建設業経理士検定講座パンフレット・TACホームページをご覧ください。

パンフレットのご請求・お問い合わせは、TACカスタマーセンターまで
ゴウカク イイナ
| 通話無料 | **0120-509-117**

※営業時間短縮の場合がございます。
詳細はHPでご確認ください。

| 受付 | 月～金　9:30～19:00 |
| 時間 | 土・日・祝　9:30～18:00 |

TAC建設業経理士検定講座ホームページ

TAC建設業　| 検索 |

合格カリキュラム ご自身のレベルに合わせて無理なく学習！

1級受験対策コース ▶ 財務諸表 財務分析 原価計算

1級総合本科生 対象 日商簿記2級・建設業2級修了者、日商簿記1級修了者

財務諸表	財務分析	原価計算
財務諸表本科生	財務分析本科生	原価計算本科生
財務諸表講義 ｜ 財務諸表的中答練	財務分析講義 ｜ 財務分析的中答練	原価計算講義 ｜ 原価計算的中答練

※上記の他、1級的中答練セットもございます。

2級受験対策コース

2級本科生（日商3級講義付） 対象 初学者（簿記知識がゼロの方）

日商簿記3級講義	2級講義	2級的中答練

2級本科生 対象 日商簿記3級・建設業3級修了者

2級講義	2級的中答練

日商2級修了者用2級セット 対象 日商簿記2級修了者

日商2級修了者用2級講義	2級的中答練

※上記の他、単科申込みのコースもございます。 ※上記コース内容は予告なく変更される場合がございます。あらかじめご了承ください。

合格カリキュラムの詳細は、TACホームページをご覧になるか、パンフレットにてご確認ください。

安心のフォロー制度 充実のバックアップ体制で、学習を強力サポート！

＝Web・DVD・資料通信講座でのフォロー制度です。

1. 受講のしやすさを考えた制度

随時入学
"始めたい時が開講日"。視聴開始日・送付開始日以降ならいつでも受講を開始できます。

2. 困った時、わからない時のフォロー

質問電話
講師とのコミュニケーションツール。疑問点・不明点は、質問電話ですぐに解決しましょう。

質問カード
講師と接する機会の少ない通信受講生も、質問カードを利用すればいつでも疑問点・不明点を講師に質問し、解決できます。また、実際に質問事項を書くことによって、理解も深まります（利用回数：10回）。

質問メール
受講生専用のWebサイト「マイページ」より質問メール機能がご利用いただけます（利用回数：10回）。
※質問カード、メールの使用回数の上限は合算で10回までとなります。

3. その他の特典

再受講割引制度
過去に、本科生（1級各科目本科生含む）を受講されたことのある方が、同一コースをもう一度受講される場合には再受講割引受講料でお申込みいただけます。

※以前受講されていた時の会員証をご提示いただき、お手続きをしてください。
※テキスト・問題集はお渡ししておりませんのでお手持ちのテキスト等をご使用ください。テキスト等のver.変更があった場合は、別途お買い求めください。

会計業界の就職サポートは

安心のTAC

TACキャリアエージェントなら
BIG4・国内大手法人
就職支援実績多数!

| 税理士学習中の方 |
| 日商簿記学習中の方 |
| 会計士／USCPA学習中の方 |
| 会計業界で就業中の方で転職をお考えの方 |
| 会計業界でのお仕事に興味のある方 |

「残業なしで勉強時間を確保したい…」
「簿記3級から始められる仕事はあるの?」
といったご相談も大歓迎です!

スキマ時間に PC・スマホ・タブレットで
WEB面談実施中!

忙しくて時間の取れない方、遠方に
お住まいの方、ぜひご利用ください。

詳細はこちら!
https://tacnavi.com/
accountant/web-mendan/

完全予約制

【相談会場】

東京オフィス	03-3518-6775
大阪オフィス	06-6371-5851
名古屋オフィス (登録会場)	0120-757-655

ご相談は無料です。会計業界を知り尽くしたプロの
コンサルタントにご相談ください。

※相談時間は原則としてお一人様60分とさせていただきます。

✉ shoukai@
tac-school.co.jp

メールでご予約の際は、
件名に「相談希望のオフィス」
をご入力ください。
(例:相談希望 東京)

TAC 会計士・税理士専門の転職サポートサービス キャリアエージェント

会計業界への就職・転職支援サービス

TPB

TACの100%出資子会社であるTACプロフェッションバンク（TPB）は、会計・税務分野に特化した転職エージェントです。
勉強された知識とご希望に合ったお仕事を一緒に探しませんか？ 相談だけでも大歓迎です！ どうぞお気軽にご利用ください。

人材コンサルタントが無料でサポート

Step1 相談受付
完全予約制です。HPからご登録いただくか、各オフィスまでお電話ください。

Step2 面談
ご経験やご希望をお聞かせください。あなたの将来について一緒に考えましょう。

Step3 情報提供
ご希望に適うお仕事があれば、その場でご紹介します。強制はいたしませんのでご安心ください。

正社員で働く
● 安定した収入を得たい
● キャリアプランについて相談したい
● 面接日程や入社時期などの調整をしてほしい
● 今就職すべきか、勉強を優先すべきか迷っている
● 職場の雰囲気など、求人票でわからない情報がほしい

TACキャリアエージェント
https://tacnavi.com/

派遣で働く（関東のみ）
● 勉強を優先して働きたい
● 将来のために実務経験を積んでおきたい
● まずは色々な職場や職種を経験したい
● 家庭との両立を第一に考えたい
● 就業環境を確認してから正社員で働きたい

TACの経理・会計派遣
https://tacnavi.com/haken/

※ご経験やご希望内容によってはご支援が難しい場合がございます。予めご了承ください。　※面談時間は原則お一人様30分とさせていただきます。

自分のペースでじっくりチョイス

アルバイト・正社員で働く
● 自分の好きなタイミングで就職活動をしたい
● どんな求人案件があるのか見たい
● 企業からのスカウトを待ちたい
● WEB上で応募管理をしたい

Webで

TACキャリアナビ
https://tacnavi.com/kyujin/

就職・転職・派遣就労の強制は一切いたしません。会計業界への就職・転職を希望される方への無料支援サービスです。どうぞお気軽にお問い合わせください。

 TACプロフェッションバンク

■ 有料職業紹介事業 許可番号13-ユ-010678　■ 一般労働者派遣事業 許可番号（派）13-010932
■ 特定募集情報等提供事業 届出受理番号51-募-000541

東京オフィス	大阪オフィス	名古屋 登録会場
〒101-0051 東京都千代田区神田神保町 1-103 東京パークタワー 2F TEL.03-3518-6775	〒530-0013 大阪府大阪市北区茶屋町 6-20 吉田茶屋町ビル 5F TEL.06-6371-5851	〒453-0014 愛知県名古屋市中村区則武 1-1-7 NEWNO 名古屋駅西 8F TEL.0120-757-655

10860572

TAC出版 書籍のご案内

TAC出版では、資格の学校TAC各講座の定評ある執筆陣による資格試験の参考書をはじめ、資格取得者の開業法や仕事術、実務書、ビジネス書、一般書などを発行しています!

TAC出版の書籍

*一部書籍は、早稲田経営出版のブランドにて刊行しております。

資格・検定試験の受験対策書籍

- ❂ 日商簿記検定
- ❂ 建設業経理士
- ❂ 全経簿記上級
- ❂ 税　理　士
- ❂ 公認会計士
- ❂ 社会保険労務士
- ❂ 中小企業診断士
- ❂ 証券アナリスト

- ❂ ファイナンシャルプランナー(FP)
- ❂ 証券外務員
- ❂ 貸金業務取扱主任者
- ❂ 不動産鑑定士
- ❂ 宅地建物取引士
- ❂ 賃貸不動産経営管理士
- ❂ マンション管理士
- ❂ 管理業務主任者

- ❂ 司法書士
- ❂ 行政書士
- ❂ 司法試験
- ❂ 弁理士
- ❂ 公務員試験(大卒程度・高卒者)
- ❂ 情報処理試験
- ❂ 介護福祉士
- ❂ ケアマネジャー
- ❂ 電験三種　ほか

実務書・ビジネス書

- ❂ 会計実務、税法、税務、経理
- ❂ 総務、労務、人事
- ❂ ビジネススキル、マナー、就職、自己啓発
- ❂ 資格取得者の開業法、仕事術、営業術

一般書・エンタメ書

- ❂ ファッション
- ❂ エッセイ、レシピ
- ❂ スポーツ
- ❂ 旅行ガイド (おとな旅プレミアム/旅コン)

TAC出版

(2024年2月現在)

書籍のご購入は

1 全国の書店、大学生協、ネット書店で

2 TAC各校の書籍コーナーで

資格の学校TACの校舎は全国に展開!
校舎のご確認はホームページにて

資格の学校TAC ホームページ
https://www.tac-school.co.jp

3 TAC出版書籍販売サイトで

CYBER TAC出版書籍販売サイト
BOOK STORE

24時間ご注文受付中

| TAC 出版 | で | 検索 |

https://bookstore.tac-school.co.jp/

新刊情報を
いち早くチェック!

たっぷり読める
立ち読み機能

学習お役立ちの
特設ページも充実!

TAC出版書籍販売サイト「サイバーブックストア」では、TAC出版および早稲田経営出版から刊行されている、すべての最新書籍をお取り扱いしています。
また、会員登録(無料)をしていただくことで、会員様限定キャンペーンのほか、送料無料サービス、メールマガジン配信サービス、マイページのご利用など、うれしい特典がたくさん受けられます。

サイバーブックストア会員は、特典がいっぱい!(一部抜粋)

通常、1万円(税込)未満のご注文につきましては、送料・手数料として500円(全国一律・税込)頂戴しておりますが、1冊から無料となります。

専用の「マイページ」は、「購入履歴・配送状況の確認」のほか、「ほしいものリスト」や「マイフォルダ」など、便利な機能が満載です。

メールマガジンでは、キャンペーンやおすすめ書籍、新刊情報のほか、「電子ブック版TACNEWS(ダイジェスト版)」をお届けします。

書籍の発売を、販売開始当日にメールにてお知らせします。これなら買い忘れの心配もありません。

書籍の正誤に関するご確認とお問合せについて

書籍の記載内容に誤りではないかと思われる箇所がございましたら、以下の手順にてご確認とお問合せをしてくださいますよう、お願い申し上げます。

なお、正誤のお問合せ以外の**書籍内容に関する解説および受験指導などは、一切行っておりません。**
そのようなお問合せにつきましては、お答えいたしかねますので、あらかじめご了承ください。

1 「Cyber Book Store」にて正誤表を確認する

TAC出版書籍販売サイト「Cyber Book Store」の
トップページ内「正誤表」コーナーにて、正誤表をご確認ください。

CYBER TAC出版書籍販売サイト
BOOK STORE

URL：https://bookstore.tac-school.co.jp/

2 1の正誤表がない、あるいは正誤表に該当箇所の記載がない ⇒ 下記①、②のどちらかの方法で文書にて問合せをする

★ご注意ください★

お電話でのお問合せは、お受けいたしません。
①、②のどちらの方法でも、お問合せの際には、「お名前」とともに、
「対象の書籍名（○級・第○回対策も含む）およびその版数（第○版・○○年度版など）」
「お問合せ該当箇所の頁数と行数」
「誤りと思われる記載」
「正しいとお考えになる記載とその根拠」
を明記してください。
なお、回答までに１週間前後を要する場合もございます。あらかじめご了承ください。

① ウェブページ「Cyber Book Store」内の「お問合せフォーム」より問合せをする

【お問合せフォームアドレス】

https://bookstore.tac-school.co.jp/inquiry/

② メールにより問合せをする

【メール宛先　TAC出版】

syuppan-h@tac-school.co.jp

※土日祝日はお問合せ対応をおこなっておりません。
※正誤のお問合せ対応は、該当書籍の改訂版刊行月末日までといたします。

乱丁・落丁による交換は、該当書籍の改訂版刊行月末日までといたします。なお、書籍の在庫状況等により、お受けできない場合もございます。
また、各種本試験の実施の延期、中止を理由とした本書の返品はお受けいたしません。返金もいたしかねますので、あらかじめご了承くださいますようお願い申し上げます。

TACにおける個人情報の取り扱いについて
■お預かりした個人情報は、TAC(株)で管理させていただき、お問合せへの対応、当社の記録保管にのみ利用いたします。お客様の同意なしに業務委託先以外の第三者に開示、提供することはございません（法令等により開示を求められた場合を除く）。その他、個人情報保護管理者、お預かりした個人情報の開示等及びTAC(株)への個人情報の提供の任意性については、当社ホームページ（https://www.tac-school.co.jp）をご覧いただくか、個人情報に関するお問い合わせ窓口（E-mail:privacy@tac-school.co.jp）までお問合せください。

（2022年7月現在）

解答用紙

解答用紙冊子

色紙

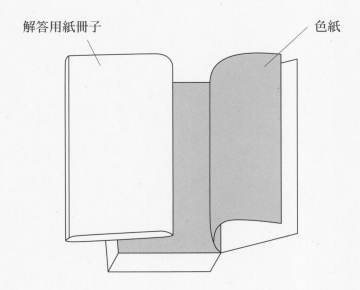

――― 〈解答用紙ご利用時の注意〉 ―――

　以下の「解答用紙」は，この色紙を残したまていねいに抜き取り，ご利用ください。

　また，抜取りの際の損傷についてのお取替えはご遠慮願います。

解答用紙はダウンロードもご利用いただけます。

TAC出版書籍販売サイト・サイバーブックストアにアクセスしてください。

https://bookstore.tac-school.co.jp/

別冊

解答用紙

第23回 解答用紙

第1問 20点　解答にあたっては、それぞれ250字以内（句読点含む）で記入すること。

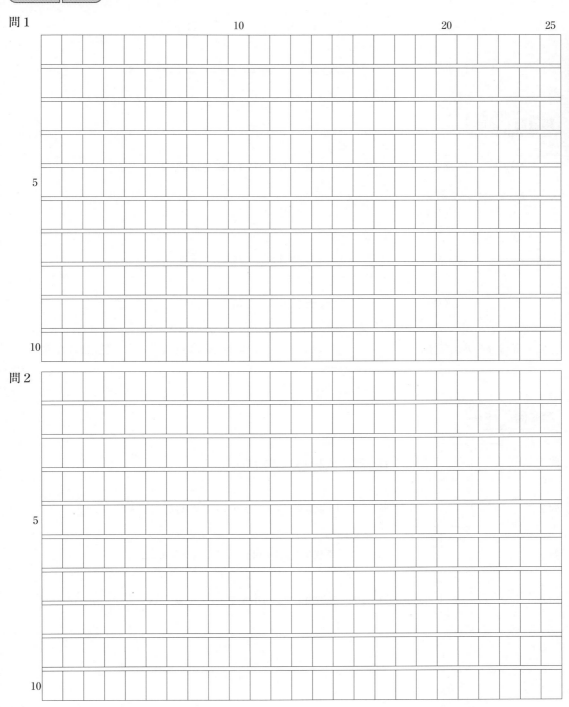

問1

問2

第2問 15点

記号
（ア～ノ）

1	2	3	4	5	6

7	8	9	10	11

第3問 20点

（A）　　　　　　　　百万円　（百万円未満を切り捨て）

（B）　　　　　　　　百万円　（　　　同　　　上　　　）

（C）　　　　　　　　百万円　（　　　同　　　上　　　）

（D）　　　　　　　　百万円　（　　　同　　　上　　　）

完成工事高営業外損益率　　　　　　％　　（小数点第3位を四捨五入し、第2位まで記入）　　記号（AまたはB）

第4問 15点

問1　　　　　　　　百万円　（百万円未満を切り捨て）

問2　　　　　　　　％　　（小数点第3位を四捨五入し、第2位まで記入）

問3　　　　　　　　％　　（小数点第3位を四捨五入し、第2位まで記入）

問4　　　　　　　　百万円　（百万円未満を切り捨て）

4

第5問 30点

問1

A　経営資本営業利益率　　[　　　] ％　（小数点第3位を四捨五入し、第2位まで記入）

B　流動比率　　[　　　] ％　（　　同　　上　　）

C　未成工事収支比率　　[　　　] ％　（　　同　　上　　）

D　負債回転期間　　[　　　] 月　（　　同　　上　　）

E　自己資本比率　　[　　　] ％　（　　同　　上　　）

F　総資本回転率　　[　　　] 回　（　　同　　上　　）

G　労働装備率　　[　　　] 百万円（　　同　　上　　）

H　営業キャッシュ・フロー対負債比率　　[　　　] ％　（　　同　　上　　）

I　付加価値率　　[　　　] ％　（　　同　　上　　）

J　配当性向　　[　　　] ％　（　　同　　上　　）

問2　記号（ア～ル）

1	2	3	4	5	6	7	8	9	10

第1問 20点　解答にあたっては、各問とも指定した字数以内（句読点含む）で記入すること。

問1

問2

6

第2問 15点

記号
（ア〜ノ）

1	2	3	4	5	6

7	8	9	10	11

第3問 20点

（A）　　　　　　　百万円　（百万円未満を切り捨て）

（B）　　　　　　　百万円　（　同　　　上　）

（C）　　　　　　　百万円　（　同　　　上　）

（D）　　　　　　　百万円　（　同　　　上　）

立替工事高比率　　％　（小数点第3位を四捨五入し、第2位まで記入）

第4問 15点

問1　　　　　　　　千円　（千円未満を切り捨て）

問2　　　　　　　　千円　（　同　　　上　）

問3　　　　　　　　千円　（　同　　　上　）

問4　　　　　　　　千円　（　同　　　上　）

問5　　　　　　　　千円　（　同　　　上　）

第5問 30点

問1

A	自己資本事業利益率	☐☐☐.☐☐ ％	（小数点第3位を四捨五入し、第2位まで記入）
B	当座比率	☐☐☐.☐☐ ％	（　　　　　同　　　　　上　　　　　）
C	付加価値率	☐☐☐.☐☐ ％	（　　　　　同　　　　　上　　　　　）
D	経営資本回転率	☐☐☐.☐☐ 回	（　　　　　同　　　　　上　　　　　）
E	運転資本保有月数	☐☐☐.☐☐ 月	（　　　　　同　　　　　上　　　　　）
F	完成工事高増減率	☐☐☐.☐☐ ％	（　　　　　同　　　　　上　　　　　）
G	借入金依存度	☐☐☐.☐☐ ％	（　　　　　同　　　　　上　　　　　）
H	完成工事高キャッシュ・フロー率	☐☐☐.☐☐ ％	（　　　　　同　　　　　上　　　　　）
I	支払勘定回転率	☐☐☐.☐☐ 回	（　　　　　同　　　　　上　　　　　）
J	純支払利息比率	☐☐☐.☐☐ ％	（　　　　　同　　　　　上　　　　　）

問2　記号（ア〜ハ）

1	2	3	4	5	6	7	8

第25回 解答用紙

第1問　20点　解答にあたっては、各問とも指定した字数以内（句読点含む）で記入すること。

問1

（10　20　25）

5

問2

5

10

第2問 15点

記号
（ア～ハ）

1	2	3	4	5

6	7	8	9

第3問 20点

（A）　　　　　　百万円　（百万円未満を切り捨て）

（B）　　　　　　百万円　（　　同　　　上　　）

（C）　　　　　　百万円　（　　同　　　上　　）

（D）　　　　　　百万円　（　　同　　　上　　）

支払勘定回転率　　　　　回　　（小数点第3位を四捨五入し、第2位まで記入）

第4問 15点

問1　　　　　　％　（小数点第3位を四捨五入し、第2位まで記入）

問2　　　　　　千円　（千円未満を切り捨て）

問3　　　　　　％　（小数点第3位を四捨五入し、第2位まで記入）

問4　　　　　　回　（　　同　　　上　　）

10

第5問 30点

解答用紙

問1

A 総資本経常利益率 　　.　 ％ （小数点第3位を四捨五入し、第2位まで記入）

B 立替工事高比率 　　.　 ％ （ 同　　　　上 ）

C 付加価値対固定資産比率 　　.　 ％ （ 同　　　　上 ）

D 棚卸資産回転率 　　.　 回 （ 同　　　　上 ）

E 営業キャッシュ・フロー対流動負債比率 　　.　 ％ （ 同　　　　上 ）

F 営業利益増減率 　　.　 ％ （ 同　　　　上 ） 記号（AまたはB）□

G 有利子負債月商倍率 　　.　 月 （ 同　　　　上 ）

H 未成工事収支比率 　　.　 ％ （ 同　　　　上 ）

I 配当率 　　.　 ％ （ 同　　　　上 ）

J 資本集約度 　　　 千円 （千円未満を切り捨て）

問2 記号（ア～ル）

1	2	3	4	5	6	7	8	9	10

第1問 20点　解答にあたっては、各問とも指定した字数以内（句読点含む）で記入すること。

問1

問2

第2問 15点

記号	1	2	3	4	5	6	7	8
（ア〜ノ）								

第3問 20点

（A） ☐☐☐ 百万円 （百万円未満を切り捨て）

（B） ☐☐☐ 百万円 （　同　　上　）

（C） ☐☐☐ 百万円 （　同　　上　）

（D） ☐☐☐ 百万円 （　同　　上　）

固定長期適合比率 ☐☐.☐ ％ （小数点第3位を四捨五入し、第2位まで記入）

第4問 15点

問1 ￥ ☐☐☐☐☐ （円未満を切り捨て）

問2 ￥ ☐☐☐☐ （　同　　上　）

問3 ￥ ☐☐☐☐ （　同　　上　）

問4 ☐☐.☐ ％ （小数点第3位を四捨五入し、第2位まで記入）

問5 ￥ ☐☐☐☐☐ （円未満を切り捨て）

第5問 30点

問1

    A   総資本事業利益率   %   （小数点第3位を四捨五入し、第2位まで記入）

    B   流動負債比率   %   （   同   上   ）

    C   運転資本保有月数   月   （   同   上   ）

    D   経営資本回転率   回   （   同   上   ）

    E   完成工事高キャッシュ・フロー率   %   （   同   上   ）

    F   営業利益増減率   %   （   同   上   ） 記号（AまたはB）☐

    G   負債回転期間   月   （   同   上   ）

    H   労働装備率   千円   （千円未満を切り捨て）

    I   配当性向   %   （小数点第3位を四捨五入し、第2位まで記入）

    J   損益分岐点比率   %   （   同   上   ）

問2   記号（ア～ラ）

1	2	3	4	5	6	7	8	9	10

第27回 解答用紙

第1問 20点　解答にあたっては、各問とも指定した字数以内（句読点含む）で記入すること。

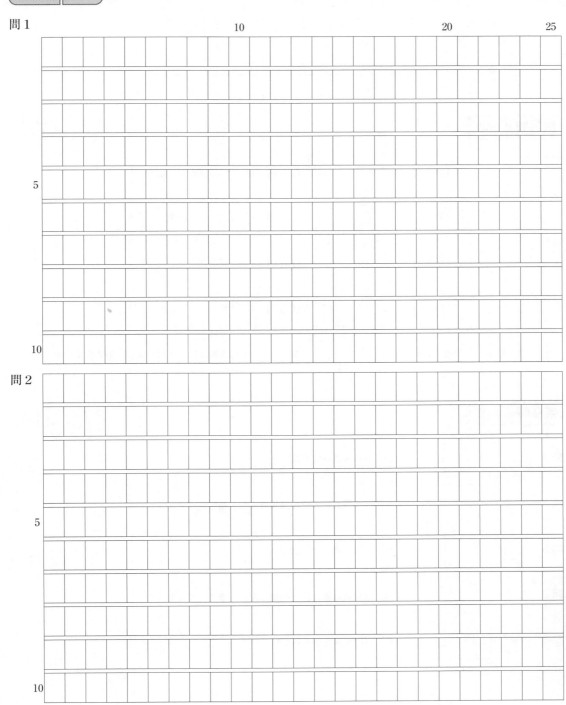

問1

問2

第2問 15点

記号
（ア〜ニ）

1	2	3	4	5

6	7	8	9	10

第3問 20点

（A）　　　　　　　百万円　（百万円未満を切り捨て）

（B）　　　　　　　百万円　（　　同　　　　上　　）

（C）　　　　　　　百万円　（　　同　　　　上　　）

（D）　　　　　　　百万円　（　　同　　　　上　　）

当座比率　　　　　　　％　（小数点第3位を四捨五入し、第2位まで記入）

第4問 15点

問1　　　　　　　　円　（円未満を切り捨て）

問2　　　　　　　　％　（小数点第3位を四捨五入し、第2位まで記入）

問3　　　　　　　　円　（円未満を切り捨て）

問4　　　　　　　　％　（小数点第3位を四捨五入し、第2位まで記入）

問5　　　　　　　　円　（円未満を切り捨て）

第5問 30点

問1

A　完成工事高キャッシュ・フロー率　[　　.　　]　％　（小数点第3位を四捨五入し、第2位まで記入）

B　総資本事業利益率　[　　.　　]　％　（　同　　　上　）

C　立替工事高比率　[　　.　　]　％　（　同　　　上　）

D　棚卸資産滞留月数　[　　.　　]　月　（　同　　　上　）

E　負債比率　[　　.　　]　％　（　同　　　上　）

F　完成工事高増減率　[　　.　　]　％　（　同　　　上　）　記号(AまたはB) [　]

G　営業キャッシュ・フロー対流動負債比率　[　　.　　]　％　（　同　　　上　）

H　固定比率　[　　.　　]　％　（　同　　　上　）

I　付加価値労働生産性　[　　]　千円　（千円未満を切り捨て）

J　配当性向　[　　.　　]　％　（小数点第3位を四捨五入し、第2位まで記入）

問2　記号（ア～ラ）

1	2	3	4	5	6	7	8	9	10

第27回

第28回 解答用紙

問　題	42
解　答	147

第1問 20点　解答にあたっては、各問とも指定した字数以内（句読点含む）で記入すること。

問1

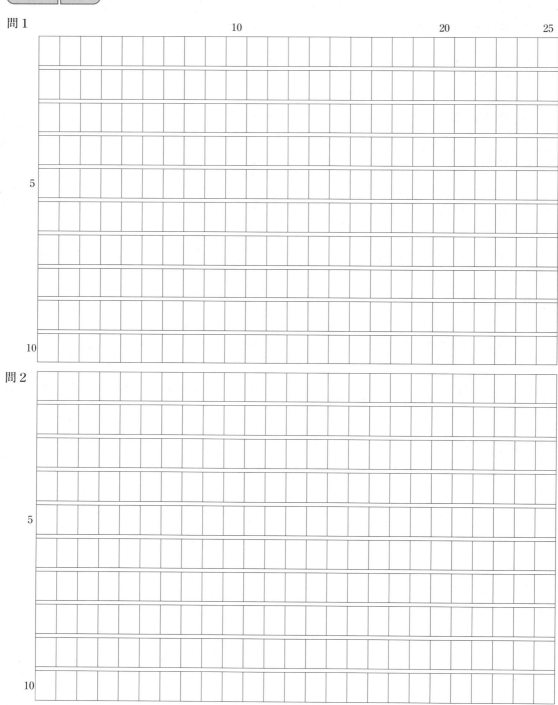

問2

解答用紙

第28回

第2問 15点

記号
(ア〜ネ)

1	2	3	4	5	6

7	8	9	10	11

第3問 20点

(A) ☐☐☐ 百万円 （百万円未満を切り捨て）

(B) ☐☐☐ 百万円 （　同　　上　）

(C) ☐☐☐ 百万円 （　同　　上　）

(D) ☐☐☐ 百万円 （　同　　上　）

必要運転資金月商倍率 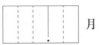 月 （小数点第3位を四捨五入し、第2位まで記入）

第4問 15点

問1 ☐☐☐☐☐ 千円

問2 ☐☐☐ 千円

問3  ％ （小数点第3位を四捨五入し、第2位まで記入）

問4 ☐☐☐ 千円

問5 ☐☐☐☐ 千円

第5問 30点

問1

A 自己資本事業利益率 ⬚ ％ （小数点第3位を四捨五入し、第2位まで記入）

B 完成工事高総利益率 ⬚ ％ （ 同 上 ）

C 運転資本保有月数 ⬚ 月 （ 同 上 ）

D 現金預金手持月数 ⬚ 月 （ 同 上 ）

E 総資本回転率 ⬚ 回 （ 同 上 ）

F 営業利益増減率 ⬚ ％ （ 同 上 ） 記号(AまたはB) ⬚

G 負債回転期間 ⬚ 月 （ 同 上 ）

H 労働装備率 ⬚ 千円 （千円未満を切り捨て）

I 付加価値率 ⬚ ％ （小数点第3位を四捨五入し、第2位まで記入）

J 配当率 ⬚ ％ （ 同 上 ）

問2　記号（ア～モ）

1	2	3	4	5	6	7	8	9	10

第**29**回　解答用紙

第1問 20点　解答にあたっては、各問とも指定した字数以内（句読点含む）で記入すること。

問1

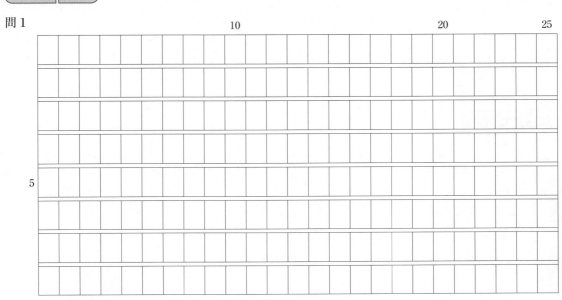

問2

第2問 15点

記号
（ア～ノ）

1	2	3	4	5	6

7	8	9	10	11

第3問 20点

（A） 　　　　　　 百万円 （百万円未満を切り捨て）

（B） 　　　　　　 百万円 （　　同　　　上　　）

（C） 　　　　　　 百万円 （　　同　　　上　　）

（D） 　　　　　　 百万円 （　　同　　　上　　）

損益分岐点比率 　　　　　　 ％ （小数点第3位を四捨五入し、第2位まで記入）

第4問 15点

問1 　　　　　　 千円 （千円未満を切り捨て）

問2 　　　　　　 千円 （　　同　　　上　　）

問3 　　　　　　 ％ （小数点第3位を四捨五入し、第2位まで記入）

問4 　　　　　　 人

問5 　　　　　　 千円 （千円未満を切り捨て）

第5問 | 30点

問1

A　完成工事高キャッシュ・フロー率　[　　.　　]　％　（小数点第3位を四捨五入し、第2位まで記入）

B　流動比率　[　　.　　]　％　（　　同　　　　上　　）

C　有利子負債月商倍率　[　　.　　]　月　（　　同　　　　上　　）

D　配当性向　[　　.　　]　％　（　　同　　　　上　　）

E　固定資産回転率　[　　.　　]　回　（　　同　　　　上　　）

F　営業利益増減率　[　　.　　]　％　（　　同　　　　上　　）　記号（AまたはB）[　　]

G　労働装備率　[　　　]　千円　（千円未満を切り捨て）

H　必要運転資金月商倍率　[　　.　　]　月　（小数点第3位を四捨五入し、第2位まで記入）

I　負債比率　[　　.　　]　％　（　　同　　　　上　　）

J　付加価値対固定資産比率　[　　.　　]　％　（　　同　　　　上　　）

問2　記号（ア～ヨ）

1	2	3	4	5	6	7	8	9	10

第1問 20点　解答にあたっては、各問とも指定した字数以内（句読点含む）で記入すること。

問1

10　　　　　　　　　20　　　　25

問2

解答用紙

第2問 15点

記号
（ア～ノ）

1	2	3	4	5

6	7	8	9

第3問 20点

(A) 　　　　　　　百万円　（百万円未満を切り捨て）

(B) 　　　　　　　百万円　（　　同　　　上　　）

(C) 　　　　　　　百万円　（　　同　　　　上　　）

(D) 　　　　　　　百万円　（　　同　　　　上　　）

自己資本経常利益率 　％　（小数点第3位を四捨五入し、第2位まで記入）

第4問 15点

問1 　　　　　　　千円　（千円未満を切り捨て）

問2 　　　　　　　千円　（　　同　　　上　　）

問3 　　　　　　　千円　（　　同　　　上　　）

問4 　　　　　　　％　（小数点第3位を四捨五入し、第2位まで記入）

問5 　　　　　　　千円　（千円未満を切り捨て）

第30回

第5問 30点

問1

A	自己資本事業利益率		%	（小数点第3位を四捨五入し、第2位まで記入）
B	立替工事高比率		%	（　同　　　上　）
C	運転資本保有月数		月	（　同　　　上　）
D	当座比率		%	（　同　　　上　）
E	負債回転期間		月	（　同　　　上　）
F	支払勘定回転率		回	（　同　　　上　）
G	付加価値率		%	（　同　　　上　）
H	完成工事高増減率		%	（　同　　　上　）　記号(AまたはB)　□
I	資本集約度		千円	（千円未満を切り捨て）
J	配当率		%	（小数点第3位を四捨五入し、第2位まで記入）

問2　記号（ア～モ）

1	2	3	4	5	6	7	8	9	10

第31回 解答用紙

第1問 20点　解答にあたっては、各問とも指定した字数以内（句読点を含む）で記入すること。

問1

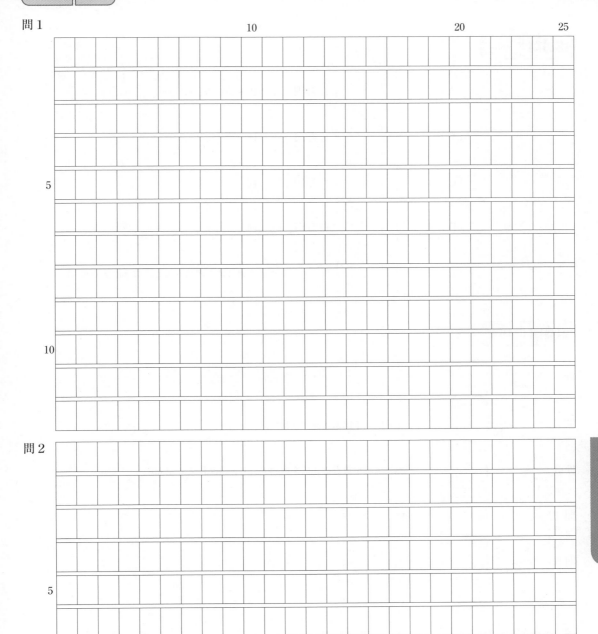

問2

第2問 15点

記号	1	2	3	4	5
（TまたはF）					

第3問 20点

（A） ⬚ 百万円 （百万円未満を切り捨て）

（B） ⬚ 百万円 （　　同　　　上　　）

（C） ⬚ 百万円 （　　同　　　上　　）

（D） ⬚ 百万円 （　　同　　　上　　）

（E） ⬚ ％ （小数点第3位を四捨五入し、第2位まで記入）

第4問 15点

問1 ⬚ ％ （小数点第3位を四捨五入し、第2位まで記入）

問2 ⬚ 千円 （千円未満を切り捨て）

問3 ⬚ ％ （小数点第3位を四捨五入し、第2位まで記入）

問4 ⬚ 回 （　　同　　　上　　）

問5 ⬚ ％ （　　同　　　上　　）

解答用紙

第5問 30点

問1

A　総資本事業利益率　　　　　　　　　　　　%　（小数点第3位を四捨五入し、第2位まで記入）

B　未成工事収支比率　　　　　　　　　　　　%　（　同　　　　　上　）

C　固定比率　　　　　　　　　　　　　　　　%　（　同　　　　　上　）

D　受取勘定回転率　　　　　　　　　　　　　回　（　同　　　　　上　）

E　設備投資効率　　　　　　　　　　　　　　%　（　同　　　　　上　）

F　総資本増減率　　　　　　　　　　　　　　%　（　同　　　　　上　）　記号（AまたはB）

G　完成工事高キャッシュ・フロー率　　　　　%　（　同　　　　　上　）

H　配当性向　　　　　　　　　　　　　　　　%　（　同　　　　　上　）

I　自己資本比率　　　　　　　　　　　　　　%　（　同　　　　　上　）

J　資本集約度　　　　　　　　　　　　　　千円　（千円未満を切り捨て）

問2　記号（ア～ヨ）

1	2	3	4	5	6	7	8	9	10

第31回

第1問　20点　解答にあたっては、各問とも指定した字数以内（句読点を含む）で記入すること。

問1

問2

解答用紙

第2問 15点

記号
（ア～へ）

1	2	3	4	5	6	7

8	9	10	11	12	13

第3問 20点

（A）　　　　　百万円　（百万円未満を切り捨て）

（B）　　　　　百万円　（　　同　　　上　　）

（C）　　　　　百万円　（　　同　　　上　　）

（D）　　　　　百万円　（　　同　　　上　　）

支払勘定回転率　　　　　回　　（小数点第3位を四捨五入し、第2位まで記入）

第4問 15点

問1　　　　　％　（小数点第3位を四捨五入し、第2位まで記入）

問2　　　　　千円　（千円未満を切り捨て）

問3　　　　　千円　（　　同　　　上　　）

問4　　　　　％　（小数点第3位を四捨五入し、第2位まで記入）

問5　　　　　千円　（千円未満を切り捨て）

第32回

第5問 30点

問1

A　経営資本営業利益率　　　　　　|　|　|　|　%　（小数点第3位を四捨五入し、第2位まで記入）

B　立替工事高比率　　　　　　　　|　|　|　|　%　（　　同　　　　上　　）

C　運転資本保有月数　　　　　　　|　|　|　|　月　（　　同　　　　上　　）

D　借入金依存度　　　　　　　　　|　|　|　|　%　（　　同　　　　上　　）

E　棚卸資産滞留月数　　　　　　　|　|　|　|　月　（　　同　　　　上　　）

F　完成工事高増減率　　　　　　　|　|　|　|　%　（　　同　　　　上　　）　記号(AまたはB) □

G　営業キャッシュ・フロー対流動負債比率　|　|　|　|　%　（　　同　　　　上　　）

H　配当率　　　　　　　　　　　　|　|　|　|　%　（　　同　　　　上　　）

I　未成工事収支比率　　　　　　　|　|　|　|　%　（　　同　　　　上　　）

J　労働装備率　　　　　　　　　　|　|　|　千円　（千円未満を切り捨て）

問2　記号（ア～ヤ）

1	2	3	4	5	6	7	8	9	10

チェック・リスト

問題	回数	第1問	第2問	第3問	第4問	第5問	合　計
23回	1回目	点	点	点	点	点	点
	2回目	点	点	点	点	点	点
24回	1回目	点	点	点	点	点	点
	2回目	点	点	点	点	点	点
25回	1回目	点	点	点	点	点	点
	2回目	点	点	点	点	点	点
26回	1回目	点	点	点	点	点	点
	2回目	点	点	点	点	点	点
27回	1回目	点	点	点	点	点	点
	2回目	点	点	点	点	点	点
28回	1回目	点	点	点	点	点	点
	2回目	点	点	点	点	点	点
29回	1回目	点	点	点	点	点	点
	2回目	点	点	点	点	点	点
30回	1回目	点	点	点	点	点	点
	2回目	点	点	点	点	点	点
31回	1回目	点	点	点	点	点	点
	2回目	点	点	点	点	点	点
32回	1回目	点	点	点	点	点	点
	2回目	点	点	点	点	点	点